矿井矸石零排放与沿充留巷一体化

关键技术研究与实践

KUANGJING GANSHI LINGPAIFANG YU YANCHONG
LIUXIANG YITIHUA GUANJIAN JISHU YANJIU YU SHIJIAN

朱 磊 吴玉意 刘治成 等◎著

中南大学出版社
www.csupress.com.cn

·长沙·

图书在版编目(CIP)数据

矿井矸石零排放与沿充留巷一体化关键技术研究与
实践／朱磊，吴玉意，刘治成等著. --长沙：中南大学
出版社，2024.10.
ISBN 978-7-5487-5895-2

Ⅰ．TD921

中国国家版本馆 CIP 数据核字第 20248VH423 号

矿井矸石零排放与沿充留巷一体化关键技术研究与实践
KUANGJING GANSHI LINGPAIFANG YU YANCHONG LIUXIANG
YITIHUA GUANJIAN JISHU YANJIU YU SHIJIAN

朱　磊　吴玉意　刘治成　等著

□出 版 人　林绵优
□责任编辑　胡小锋
□责任印制　唐　曦
□出版发行　中南大学出版社

　　　　　　社址：长沙市麓山南路　　　　邮编：410083
　　　　　　发行科电话：0731-88876770　传真：0731-88710482
□印　　装　长沙印通印刷有限公司

□开　　本　787 mm×1092 mm　1/16　□印张 16　□字数 396 千字
□版　　次　2024 年 10 月第 1 版　　□印次 2024 年 10 月第 1 次印刷
□书　　号　ISBN 978-7-5487-5895-2
□定　　价　98.00 元

编委会

前　言

煤炭作为世界上分布最广泛的化石能源之一，在我国能源结构中占据举足轻重的地位。在我国已探明的一次能源资源储量中，油气等资源占比约为6%，而煤炭占比约为94%。这说明，煤炭是自主保障最可靠的能源类型。

煤炭资源大规模、高强度开采的同时，带来了一系列问题：一是生态破坏问题。煤炭开采导致土地资源破坏及生态环境恶化，开采沉陷造成我国东部平原矿区土地大面积积水受淹或盐渍化、西部矿区水土流失和土地荒漠化加剧，煤矿区生态环境保护迫在眉睫。二是环境污染问题。煤炭开采的伴生固废煤矸石排至地面后会造成地表水污染、占用土地、自燃发火问题。三是资源损失问题。现有的煤炭开采特征为"多巷道""多煤柱"，矿建及生产投资巨大。四是安全风险问题。现阶段煤炭开采多以采区为生产单元、留设大量的区段保护煤柱，容易造成煤柱应力集中，大面积的煤柱失稳导致上覆岩层较大范围破坏断裂，易形成冲击地压等动力灾害。

在我国"以煤为主"的基本国情和能源安全新范式下，煤炭开采带来的生态环境问题和安全生产问题已成为社会关注的重点。如不采用煤炭科学开采模式，或仍对开采破坏的生态环境不加以修复，就不能实现煤炭开发利用的可持续发展。矿井矸石零排放与沿充留巷一体化技术将煤矿开采、矸石充填与沿充留巷有机统一，进而达到安全、高效、绿色的目标，是我国煤炭资源绿色矿业发展的客观要求和必然选择。

党的十八大以来，发展绿色矿业、绿色矿山建设先后被写入国家"十三五""十四五"规划纲要及《中共中央国务院关于加快推进生态文明建设的意见》《中共中央国务院关于全面推进美丽中国建设的意见》等重要文件。在国家政策的号召下，在行业发展推动下，在企业、科研院所的帮助下，中煤能源研究院有限责任公司矸石零排放团队经过艰苦的探索和持续的攻关，在煤矸石高效转运、综合机械化充填和一体化沿充留巷的理论、技术和装备等方面都取得了显著成果。本著作总结了团队所承担的项目特别是中国中煤重大科技专项（20213BY001）课题五的基础成果，以西部高产高效煤矿矸石无害化处置为目标，以矸石零排放技术为手段，围绕矿井面临的固废污染、动力灾害等共性技术难题，突破传统矸石填充技术瓶颈，融合沿充留巷技术、大流量大垂深物料输送技术，构建出了地区适应、工艺匹配和经济高效的矸石零排放技术、工艺与装备，探索出了西部矿区高产高效矿井煤炭资源环境低伤害、岩层低损伤和资源低损失一体化绿色开发新模式。

本书共11章，系统阐述和介绍了我国现代化高产高效矿井矸石零排放和沿充留巷这一既基础又新兴的研究方向的理论、方法、技术和工程等方面内容：前2章主要介绍矸石零排放和沿充留巷方向上的研究进展；第3章开展了煤矸石固废基础力学特性测试；第4~6章重点介绍了煤矸石高效转运的途径，并揭示了深埋藏、大流量煤矸石垂直下运机理和规律；第7章提出了工作面高效排矸技术工艺；第8、9章系统阐述了矿井矸石就地处置和沿充留巷一体化的系统布置方案；第10章介绍了矸石零排放与沿充留巷一体化技术的工程实践情况；第11章主要介绍了主要结论与创新点。具体写作及分工情况为：全书的结构框架及主要思路由朱磊完成；第1章由高丽艳、孙俊彦、李娟、杜梦曦、王细语完成；第2章由吴晓茹、张浩、李颢玮、张焙炎完成；第3章由何志伟、盛奉天、杨彦斌、李明完成；第4章由徐凯、昝东峰、张鹏、王翰秋完成；第5章由刘成勇、古文哲、刘文涛、程海星完成；第6章由赵萌烨、张新福、黄剑斌、潘浩完成；第7章由朱磊、古文哲、刘治成、昝东峰、杨彦斌完成；第8章由宋天奇、秋丰岐、袁超峰、仇恒建完成；第9章由吴玉意、黄剑斌、刘治成、秋丰岐完成；第10章由刘成勇、冯洁、吴玉意、窦勇、高涵完成；第11章由昝东峰、古文哲、宋天奇、刘治成完成。全书由朱磊统稿、审定。

值得提及的是，本书是集体智慧的结晶。长期以来，在中国中煤能源集团有限公司的资助和指导下，在中煤西安设计工程有限责任公司大力支持和配合下，在中煤平朔集团有限公司、中天合创能源有限责任公司、中煤陕西榆林能源化工有限公司等兄弟单位的支持和帮助下，本书才得以顺利出版，在此表示最诚挚的感谢！

由于作者水平有限，书中难免存在疏漏之处，敬请读者多提宝贵意见。

著　者

2024 年 10 月

目 录

第1章

绪　论

1.1　研究背景及意义

1.1.1　研究背景

1. 政策导向

（1）生态保护

我国西部煤炭资源丰富，形成大批现代千万吨级超大矿井，是我国能源供给核心基地。超高强度开采煤炭的同时，平均每个矿井每年产生煤基固体废弃物达数百万吨。其中，煤矿开采与选煤厂固废——矸石的产生量占煤炭产量的15%~25%，发电厂固废——粉煤灰产生量占煤炭产量的10%~15%。蒙陕地区的煤基固废现在仍以每年约3.8亿吨的速度增加，即每年可填满30个西湖。

煤基固废传统处置方式是直接（煤矸石）或者与水体混合（粉煤灰）堆放于地表固废排放场，形成矿区矸石山和灰场，对生态环境带来很大威胁与破坏。其严重侵占土地、污染空气、恶化水质和土壤；为在地面治理固废污染，在水资源稀缺的蒙陕地区年消耗淡水超过4000万吨；地面处置固体废弃物还存在安全隐患，如矸石山自燃和爆炸、粉煤灰场溃坝等。

在国家环境保护与生态修复基本政策指引下，在积疾已久、远超出生态承载力的煤炭行业环境污染形势下，开展煤基固废的地下无害化处置，进而实现地面近零排放，是关乎行业存亡和可持续发展必须克服的难题。近年，国家重点产煤省（区、市）分别出台了严格的煤矿固体废弃物排放限制文件法规。2019年12月，民法典分编贯彻落实绿色原则，增加规定了生态环境损害的惩罚性赔偿制度，并明确规定了生态环境损害的修复和赔偿规则；2020年新修订的《中华人民共和国固体废物污染环境防治法》，明确指出产废单位对工业固废全程负责，并强调对部分违法行为实行双罚制。

地下煤炭开采的另一个顽疾，是产生了大量地下废弃空间——采空区。如利用固体废弃物填充采空区，可以减少地下可沉降空间，弱化地表沉陷，限制导水裂隙，进一步减少环境损伤。实现固体废弃物与地下废弃空间的"以废治废"，这是本书研究的主要方向。

（2）资源节约

我国的煤炭资源在开发利用中的浪费是非常严重的。蒙陕地区高强度采煤方法，是基于美、澳等国采用的多巷道、宽区段煤柱布置方式。这种方式造成蒙陕地区因煤柱造成的煤炭损失约 1 亿 t/a，相当于湖北省一年的煤炭消费量。同时，基于我国更复杂多变，且日趋严峻的开采地质条件，在开采深部走向或开采下位煤层时，遗留煤柱会造成严重的应力集中现象，该现象是动力灾害发生的主要诱因，尤其在冲击矿压倾向矿井时，显著增加了事故发生的风险性。因此，固废在地下采空区排放的同时，对其进行功能化利用以解放煤柱资源，实现"以废换煤"，是技术开发的另一个着重点。

综上所述，蒙陕煤炭高强度开采地区，固体废弃物地面零排放的目标为：利用地下废弃采空区进行高效排放，实现"以废治废"和地面近零排放，进而对其功能化利用解放煤柱资源，实现"以废换煤"。

2. 企业需求

本书研究基于的应用矿井为中煤集团中天合创能源有限责任公司葫芦素煤矿，其年产生固废量 100~200 万 t，且地处蒙陕煤炭核心产能区鄂尔多斯市，是典型西部半干旱半沙漠生态脆弱区，环境保护的难度和压力大，又面临极为严格的国家和地方环保政策要求。"矿井矸石零排放与沿充留巷一体化关键技术研究与实践"（简称"本项目"）开展前，煤矿沿用该地区普遍地将固体废弃物外运寻找地面排放场地处理的方式，仅运输费用即超过 30 元/t，且每年持续增长，每年造成的直接经济损失接近亿元。而地面外排虽然相对远离了生产矿井，但对整个地区的环境污染并无减缓，随着环保政策日渐严格，必然给煤矿造成不可估量的经济负担，具有极大的政策风险。因此，企业急需与研发单位合作，形成一套高效低成本的、能利用井下废弃空间的固体废弃物处置技术。

3. 技术突破

煤炭行业现有的井下充填技术，是接近上述的政策导向和企业需求的。2014 年 12 月出台的《煤矸石综合利用管理办法》规定："新建（改扩建）煤矿及选煤厂应节约土地、防止环境污染，禁止建设永久性煤矸石堆放场（库）。"2019 年 10 月 30 日国家发展改革委出台的《产业结构调整指导目录（2019 年本）》煤炭行业鼓励类、限制类、淘汰类目录中，将矿井采空区、建筑物下、铁路等基础设施下、水体下采用煤矸石等物质填充采煤技术开发与应用列为鼓励类煤炭产业。2018 年起，在国家多部门联合制定的"十三五"国家重点研发计划和"十四五"国家重点研发项目规划中，均大力资助了"深部煤矿井下分选及就地充填关键技术装备研究与示范""大型煤电基地固废规模化利用成套技术及集成示范"等项目。

目前国内外主要煤矿充填开采技术均是以控制覆岩下沉进而控制地表沉陷或限制导水裂隙为目标的，不符合本项目以固废大宗处置实现地面零排放为目标的技术导向；现有充填技术的充填能力均低于 100 万 t/a，而蒙陕矿区典型高产高效煤矿葫芦素矿井的年固废产生量高达 100~200 万 t，能力显然是不匹配的。基于上述研究背景，本项目研究的基本开展思路为：开发一套基于充填开采技术的，设计处理能力突破 200 万 t/a 的，可解放一定煤炭资源的高效固废地下处置技术。

1.1.2 研究意义

本项目聚焦于蒙陕地区的矸石外排难题，以安全、绿色、节约、环保为宗旨，通过研究井下充填、无煤柱开采等技术，形成了一套完整的深部煤炭资源煤矸石充填开采体系，对蒙陕地区煤炭技术创新发展具有十分重大的意义。

1.贯彻落实绿色发展新理念，扛起煤炭央企生态环境保护政治责任

随着国家对环境保护问题零容忍态度的不断深入，煤炭绿色开采成为一种必然，煤矿矸石处理势在必行。中天合创能源有限责任公司(简称"中天合创")和中煤能源研究院有限责任公司(简称"中煤能源研究院")、中煤西安设计工程有限责任公司(简称"中煤西安设计公司")、中国矿业大学开展深部煤矿充填开采和沿充留巷等技术研究，是全面贯彻生态环境部的决策部署，深化"绿水青山就是金山银山"的绿色发展理念，展现了煤炭央企的责任与担当。

2.解决矸石外排造成的环境问题

本项目实施后，不但可以解决葫芦素煤矿地面洗煤厂每年产生的约 150 万 t/a 洗选矸石，还可以在井下就地解决因采掘活动产生的掘进、起底矸石，实现矿井部分矸石不升井、地面矸石零外排的目标。

3.防治深部矿井动力灾害事故发生

矸石充填至采空区后，由矸石充填体取代原始煤体支撑顶板岩层，可有效控制住顶板，顶板只发生缓慢沉降弯曲变形，大幅度降低了由煤炭开采造成的顶板突然断裂引发的能量释放，防止煤岩动力灾害事故发生。

4.防止地表塌陷，保护了地表生态环境

葫芦素煤矿地处毛乌素沙漠，地表为典型的西北生态脆弱区。本项目技术的实施，可以大幅度降低由煤炭开采造成的地表沉陷变形，进而减轻建(构)筑物破坏和耕地损坏等问题，并减轻因地表沉陷等带来其他一系列的生态破坏问题。

5.保护珍贵的地下水资源

根据中国矿业大学等价采高理论，实施充填开采后，相当于进行了薄煤层开采，因此可以大幅降低导水裂隙带发育高度，保护西北矿区珍贵的地下水资源，实现保水采煤。

6.为鄂尔多斯地区综合固废处理奠定了基础，树立地区示范效应

本项目技术的成功应用，为我国存在类似问题的深部矿井绿色开采提供重要的技术借鉴，具有较强的地区示范效应。

综上，本项目既着眼于当下煤矿的实际需求，又放眼于未来采矿技术发展的潮流，对深部煤矿的安全、高效、绿色、节约开采具有重大的意义。

1.2 国内外研究现状

1.2.1 固废反向运输技术

利用井下采空区处理固废，主要技术环节有 2 个：①地面排放场、选煤厂及电厂等的

固体废弃物如何反向运输回井下；②输送回井下工作面的固体废弃物如何排放入废弃采空区。国内外在这 2 个主要技术环节均经历了较长时间的发展，技术模式多样。通过对各种技术模式研究现状的优缺点和适用性进行分析，甄选适用于本项目研究的技术模式。

煤基固废的反向输送，国内外共发展出井下分选就近反向输送和"地面→井下"反向输送两种基本模式。

1. 井下分选就近反向输送

井下分选就近反向输送即在井下建立分选硐室，对原煤就近分选实现煤矸分离，将矸石输送入充填工作面。中国矿业大学在河北唐山矿（井下跳汰法分选）、河南平顶山十二矿（井下重介浅槽法分选）等先后开展了该技术的初步探索和应用，并取得一定成效。该系统可以显著缩短固废反向输送距离，减少了运输和提升能源损耗，但问题非常突出。跳汰法与重介浅槽法系统复杂，单个设备体量庞大，在空间有限的井下需要建设与之匹配的大断面硐室群，维护难度大，如跳汰法最大硐室尺寸为高 9 m×宽 7 m×长 30 m，重介浅槽法硐室尺寸为宽 9 m×高 6 m×长 60 m；系统工艺复杂，跳汰法有十几道工序，重介浅槽法有二十余道工序，运行成本高；井下分选仅能做到初选，即只能分离出原煤中不到 50% 的矸石。

2016 年美国肯塔基大学的光电分选技术因识别能力提升和反馈时效缩短，取得突破性进展，可以替代跳汰法和重介浅槽法，并迅速引入我国在地面选煤厂开展应用，效果良好。该设备体量小、数量少（仅单机或者双机），系统与工艺简单，不需要大型硐室，适用于井下狭长空间的应用，在山东和陕西部分矿井已经进行井下测试，但适用目的并非充填。光电分选技术虽然克服了传统技术的大部分缺点，但是其核心问题无法解决，其也仅能分离出原煤中 50% 的矸石，无法达成本项目固废近零排放的目标。随着技术发展，待井下线性布局的小体量初选与浮选组合装备体系研发成功，则可考虑进行井下分选配合粉煤灰等管道泵送，实现零排放。目前，井下分选尚不适用于葫芦素矿井。

2. "地面→井下"反向输送

煤矿固体废弃物"地面→井下"的反向输送在国内外先后发展出副井筒反向运输、地面钻孔料浆投放、流态化管路泵送、垂直投料系统和轮式投料系统等方式。

美国、加拿大等国在 20 世纪末借鉴非煤矿山的固体充填技术，曾利用大断面副斜井或平硐将地面固废输送到井下废弃巷硐。这种方式不需要建设新的巷硐系统，但适用条件是必须具备充沛的辅助运输能力，要求多副井布置或分区副井布置，以及独立的分区人员提升井设置，这种布置方式需要过高的建设与运行成本，造成资源和能源浪费。在我国山东地区济三煤矿等，曾利用副井反向运输固废补充井下仅以掘进矸石作为充填材料的不足，但造成副井运力紧张，提升运输不能实现固废连续化运输，制约着井下对固体充填物料的需求量，技术应用一段时间后终止。显然，副井反向运输是不适用于本项目的。

美国、加拿大等国在 21 世纪初曾采用地面钻孔料浆投放方式：自地面打小孔径钻孔直接进入井下采空区或垮落带，将简单破碎加工的固废与水体混合成输送性能差且不稳定的简易料浆直接通过钻孔倾倒入井下。这种输送方式需要足够的地面场地条件，即每个工作面上方均要设置投放场，且堵孔情况频发，近年已经不再使用。这种输送方式也是不适用本项目应用矿井地面与井下系统条件的。

流态化管路泵送是适用于膏体(似膏体)和高水(超高水)充填的,泵送管路一般是通过副井或地面小孔径钻孔进入井下的。流态化管路泵送的输送能力和系统可靠性是突出的,但是其对材料加工配比的要求高(如高破碎比破碎,添加悬浮剂等),配料工艺复杂,固废在充填材料中的占比过低,材料成本高,与本项目的技术开发思路是不同的。

固体充填开采技术衍生出 2 种反向运输方式:

第一种为垂直投料系统,即设置小孔径垂直地面投放井(内径 458~600 mm)通向井下硐室和储料仓,投放井内设置耐磨套管,固废自地面直接通过投放井投放到井下储料仓。2008 年在河北邢台一煤矿首次成功实验垂深 300 m 投料系统(首次使用缓冲器和缓冲硐室),之后相继建立了河北唐山矿垂深 600 m 投料系统、河南平顶山十二矿垂深 330 m 投料系统(首次使用双级稳压硐室、蓄水池喷雾联合降尘等)、山西东坪煤矿双投放井系统(轮式投料系统中途改造)以及陕西亭南煤矿垂深 485 m、内径 600 mm 投料系统。垂直投料系统不影响辅助运输、结构相对简单、建设与运行成本低、系统可靠且输送能力有保障。

第二种为轮式投料系统,通过设置 2 个小孔径钻井,以轮式循环输送装备的下行托盘将固废输送入井下(类似一套垂直的刮板输送机)。该系统存在较多经济与技术问题:双井筒的设计会客观造成井巷工程量明显增加,前期工程量大,建设成本高;需要安装井上下、双井筒内全尺寸机械、电机、制动、自动控制和安全保护装置,设备投资大;在双井筒托盘式固体充填物料连续输送系统运行期间,需要耗费大量电能进行制动控制,防止系统因双井筒内部质量不均造成的设备运行加速过载,属于非生产性的能量损耗,运行成本过高;在数百米深的井筒内安装全尺寸连续运行装置,设备的运行功率和使用强度高,系统排障和维修难度过大,可靠性低,且具有安全风险性。因此,其系统一直未受现场认可,其研发停滞在地面实验测试阶段,尚未在现场使用。鉴于该技术的成熟性和可靠性都无法保障,不适宜作为本项目的技术参考。

综上所述,衍生于固体充填开采的垂直投料系统优势突出,适用于本项目的固体废弃物反向运输的技术开发基础。

1.2.2 充填开采技术

我国是世界范围唯一在地下开采煤矿进行规模化充填的国家,三种主流规模化充填方法为固体充填、(似)膏体充填、(超)高水充填。其中,(超)高水充填是采用高水材料与水混合后填入采空区中,凝固后形成一定强度的坚硬充填体;(似)膏体充填是将破碎矸石和水泥等胶结剂混合后填入采空区中,凝固后可形成坚硬充填体对上覆岩层形成支撑;固体充填是采用矸石、粉煤灰等固体物料,直接填入巷道或者采空区中,对上覆岩层形成一定支撑。

(超)高水充填因其几乎不采用固体废弃物,故可以排除。(似)膏体充填以固体废弃物作为骨料,固体充填几乎完全使用固体废弃物,因此对这两种技术的发展情况予以分析。具体分析见 2.1 节。

各种充填技术的优缺点对比如表 1.2-1 所示。

表 1.2-1　充填开采方式优缺点对比

充填方式	优点	缺点	效果
矸石充填	前期投入高，运行成本较低，地面系统工艺简单	采煤工作面工艺复杂，只能处理矸石，起到减沉作用，难以达到地面建筑物不破坏	处理矸石效率高
低浓度水力充填	投资低，运行成本较低	输送距离近，井下排水复杂，只能起到减沉作用，难以达到地面建筑物不破坏	强度增长缓慢，影响正规循环作业，效率低
高水充填	前期强度良好，初期设备投资较低	运行成本高（230~280 元/m³），充填体后期结构不稳定，存在安全隐患，配比严格，不消化矸石	实现"三下"采煤，短期保护地表建筑物
膏体充填	强度好，地面沉降在可控范围之内，可实现不迁村开采；实现沿充留巷，实现无煤柱开采，中厚煤层分层开采，适应性强	初期投入成本较高，工艺要求较高	实现"三下"采煤，保护地表建筑物。同时处理废弃物，减少排放费用

综合机械化固体充填采煤可实现在同一液压支架掩护下采煤与充填并行作业，其工艺包括采煤工艺与充填工艺。其中，采煤与运煤系统布置与普通综采完全相同，不同的是综合机械化充填采煤技术增加了一套将地面充填材料安全高效输送至井下并运输至工作面采空区的充填材料运输系统，以及位于支架后部用于采空区充填材料夯实的夯实系统。综合机械化固体充填采煤技术中，矸石等固体材料充填通过运矸系统输送至悬挂在充填支架后顶梁的刮板式充填输送机上，再由刮板式充填输送机的卸料孔将矸石充填入采空区，最后经充填支架后部的夯实机进行夯实。

目前，综合机械化固体充填采煤技术在我国新汶矿业集团翟镇煤矿、平煤股份十二矿、济宁矿业集团花园煤矿、兖州集团济三煤矿、徐州三河尖煤矿、皖北煤电集团五沟煤矿、淮北矿业集团杨庄煤矿、开滦集团唐山煤矿、内蒙古泰源煤矿、阳泉东坪煤矿等十几个矿区进行大规模的推广应用，为"三下"开采、煤矸石处理、矿区生态保护提供了可靠的方法和技术途径，成为实现煤炭资源开采与生态环境保护一体化、煤炭资源绿色开采及科学采矿的关键技术之一。下面选择五个具有一定代表性的工程实例进行简单的应用分析。

花园煤矿井田在金乡县城及周边地区，全部为建筑物下压煤。该矿原设计全部采用条带开采，采出率不足 32%，具体为采 40 m 条带，留 80 m 煤柱。现在全部采用固体密实充填采煤，并且实现沿充留巷无煤柱开采，采出率达 85%，矿井服务年限可由原设计不足 40年延长至超过 100 年。花园煤矿平均采深为 550 m 左右，平均煤层厚度约 2.5 m，条带开采时的实测地面最大下沉量为 217 mm，固体密实充填后的实测最大下沉量为 196 mm。如采用长壁开采，其最大下沉预计值为 1900 mm，因而固体密实充填后的地表减沉率在 85%以上。

平煤十二矿现有可采煤炭储量仅有 2700 余万吨，其中"三下"压煤（均为优质稀缺煤种)为 1200 余万吨,并且多为不可搬迁的孤岛型村庄煤柱。该矿还有一座地面矸石山占用土地、污染环境,实施综合机械化矸石密实充填后可使其生产年限延长 10 年以上。充填首采区域布置在某村庄孤岛煤柱块段,平均煤层厚度为 3.3 m,平均采深在 450 m 左右。根据地面建筑物评估等级要求,最大地表下沉量应控制在 220 mm 内,则由充填开采岩层移动预计分析得到,充填密实度应控制在 0.82 以上,即等价采高约为 0.6 m。实测充填密实度超过了 0.86,地表最大下沉量仅为 173 mm。

翟镇煤矿主要的充填采区为七采区,七采区位于 -400 m 水平东翼,南北倾向长700 m,走向平均长 500 m,呈南长北短的三角形。煤层基本上为一个盆地构造,四周高,中间低,本区主采煤层为 2 煤和 4 煤。现充填开采 2 煤,开采工作面为 7203E,走向长度为564~592 m,倾斜宽为 92 m。工作面开采的垂深为 580~613 m。煤厚 1.8~2.4 m,平均2.2 m。全矿井现已开采 11 个充填采煤工作面,共采出煤炭资源 241 万 t,充填面积达到70 万 m²,共充填矸石约 298 万 t。

翟镇煤矿 2010 年之前开采的所有工作面均无夯实,共有 8 个充填采煤工作面,分别为7204W,7205W,7403W,7404W,7405W,7406W,7201W 和 1403W;2010 年之后均进行了夯实,共有 3 个充填采煤工作面,分别为 7201E,7202E,7203E。其充填后的地面沉降控制效果全部满足地面建(构)筑物设防要求。另外,该矿已经实现了井下煤矸分离,做到了煤流矸石不出井。

济三煤矿"三下"压煤量已占到可采储量的 65%,现采用矸石充填的区域位于六采区,其地表为村庄和大型河堤,村庄面积为 49.2 万 m²,建筑面积约 13.4 万 m²,人口 4200 人。该采区平均采深约为 580 m,煤层平均厚度为 3.5 m。根据村庄建筑物保护等级,充实率应达到 0.83。根据河堤保护要求,工作面离河堤越近,充实率就越高,最大也为 0.83。充填开采后的实测地表最大下沉量为 340 mm,如不加充填,地表最大下沉预计值为 2580 mm,因而实施充填后的地表减沉率在 80% 以上。

五沟煤矿主采煤层上方覆盖了平均厚达 272 m 的松散含水层,且与地表水贯通,原设计留设了大量的防水煤柱,压煤量达 3664 万 t,现采用综合机械化矸石密实充填方法全部回收其防水煤柱。在大量回收传统方法无法开采的煤炭资源同时,可使矿井服务年限至少延长 20 年。

综上所述,刮板输送机卸矸充填(综合机械化固体充填采煤技术)已在我国得到了快速发展和推广应用,并取得了显著的经济、社会和环境效益。从实际使用效果看,该项技术有如下特点:①综合机械化固体充填采煤适用于可采用传统综合机械化采煤技术的同类地质采矿条件;②虽然增加了固体充填的直接成本,但比较容易实施沿充留巷,实现无煤柱开采,大大提高采出率,从中可获得显著的经济效益;③将矿区固体废弃物(矸石、粉煤灰、黄土、黄砂等)充填至采空区,一方面实现了固体废物的循环利用,另一方面也保护了矿区环境和土地。

1.2.3 沿充留巷技术

随着充填采煤和沿充留巷技术的发展,采区内无煤柱开采已渐成趋势。为此国内外许多学者对沿充留巷上覆岩层活动规律及巷道围岩稳定性控制进行了一系列的研究。大量理论研究和生产实践表明，改善沿充留巷围岩应力分布状态，并正确选择合理的巷内支护和巷旁支护是保证沿充巷道稳定的关键。充填采煤沿充留巷技术在我国部分煤炭矿井中进行了应用，取得的部分研究成果如下。

巨峰等以济宁三号煤矿 6304 运矸巷沿充留巷为工程背景，提出固体充填采煤沿充留巷上覆岩层协同控制系统的概念，分析了上覆岩层协同控制系统各要素的支护特性；通过模拟研究得到了在充填工作面充实率需达到 80%、矸石带强度需达到 4 MPa、矸石带宽高比需达到 1∶1 的条件下，可保障巷道的稳定控制；现场工业性实验表明沿充巷道维护效果良好。

黄艳利等基于综合机械化固体充填采煤原理建立了沿充留巷围岩结构力学模型，进行了巷旁充填体受力和变形设计分析，研究了锚杆、钢带、钢筋梯梁及金属网的组合支护技术对巷旁充填体的加固作用，应用效果表明其可提高充填体的整体强度、稳定性及抗变形能力，从而有效地保证了沿充留巷的效果。

综上可以看出，煤矿充填采煤沿充留巷技术工艺简单、可操作性强，采空区充填完毕后沿充巷道围岩稳定性好，而且杜绝了沿充留巷巷道常见的火灾、瓦斯等灾害，同时矿山压力显现较垮落法开采时弱小很多，工作面超前支承压力影响范围、应力集中系数、支护阻力均减小。

1.3 主要研究内容

1.3.1 方案总体构思

本项目总体构思为：地面洗选矸石在地面经破碎和运输后通过投放井到达井下储料仓后，经过矸石运输大巷带式输送机、工作面回风巷带式输送机运至工作面回风侧端头的自移式可伸缩转载机，再通过悬吊在支架后顶梁上的底卸式刮板输送机落入到充填液压支架后方的采空区，在充填液压支架夯实机构的作用下将煤矸石夯实至采空区中，同时，在充填工作面推进的同时对工作面运输巷进行沿充留巷。项目总体构思如图 1.3-1 所示。

1.3.2 主要研究内容

研发"地面—井下"超大垂深固废投放系统和井下长壁工作面固废高效排放系统，先期达到 1.0 Mt/a 的充填能力，形成 2.0 Mt/a 的技术能力，突破千万吨级矿井固废零排放的技术瓶颈。具体内容如下。

1. 固体废弃物储运特性实验室测定

固废材料的基本力学特性测试、固废材料孔隙比（率）测定、固废材料胶结特性测试、固废材料压实特性测试、固废材料流变特性测试、固废材料不同级配压实特性测试、不同材料与级配压实特性测试。

2. 超大垂深高能力垂直投放技术

固体废弃物投放前预处理工艺原理设计；固体废弃物投放入料卸压降尘原理设计，结合矿井自身特点确定出适合该矿的收纳投放入料口方式；确定超大垂深固废投放系统的技

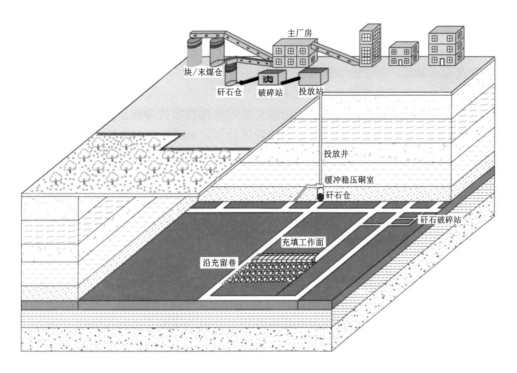

(a) 充填系统构思图

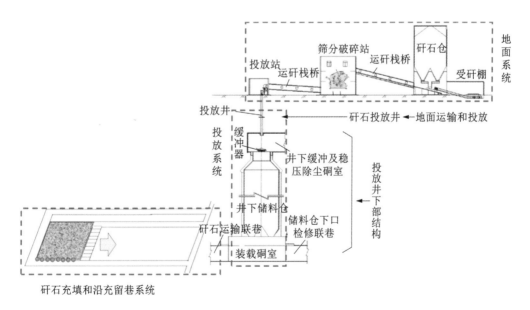

(b) 矸石充填系统组成

图 1.3-1　项目总体构思图

术构思及原理,明确整体技术框架;分析计算垂直投放井及下部结构的关键技术参数,阐明投放管和储料仓的防堵技术原理,确定出投放管及储料仓堵仓的预警方案和处理方法;明确缓冲机制和挡矸罩结构的设计原理,得出该矿井可采用的缓冲技术方案;阐明缓冲硐室的增压过程,确定出硐室卸压的控制方法;确定具体的投放系统降噪措施;依据固体废弃物的投放及输送特征,设计整个投放输送过程的监测方案。

3. 长壁综采工作面固体废弃物排放技术

工作面固废排放技术系统分析:基于固体充填固废排放模式分析研判,固废高效处置工作面的基本参数确定;工作面岩层移动规律数值计算:不同充实率条件下采场覆岩移动规律,不同充实率对留巷变形特征影响规律;核心装备关键参数分析与优化:基于固体充填主动支护限定变形理论的岩层移动与装备运行耦合规律分析,支架支护强度与工作阻力的计算,固体废弃物高效排放支架的定型;工作面高效排矸工艺优化研究:夯实强度与采充比的对应关系研究,充采比控制监测指标范围划定;高效排矸多种工艺原理的设计;工作面排矸工艺实施注意事项的制订。

4. 沿充留巷技术

通过理论分析、数值模拟等手段,揭示充填采煤后巷道围岩变形规律;结合充填采煤的特点,建立巷旁支护与巷内支护的理论计算模型,合理确定巷旁支护与巷内支护参数;考虑矿井已有生产系统,设计沿充留巷的作业流程,力求达到安全高效作业的目的;针对充填采煤沿充留巷方案,制订锚杆索支护阻力、顶板离层、巷道变形等内容的矿压监测方案。

5. 首采工作面矿压监测方案设计

采充比监测方案设计;支架支护质量监测方案设计;超前支护段支承压力监测方案设计;充填体承载变形监测方案设计;覆岩移动特征监测方案设计。

6. 矿压监测结果总结分析

首采充填工作面围岩移动特征;工作面核心装备运行支护质量;充填体承载和位移特征与规律;首采充填工作面矿压显现特征;采充比与矿压显现时间相关性。

7. 工业性实验

现场工业性实验。

1.3.3 技术路线

本项目将采用现场调研、理论分析、数值模拟、工业性实验等综合研究方法,具体技术路线如图 1.3-2 所示。

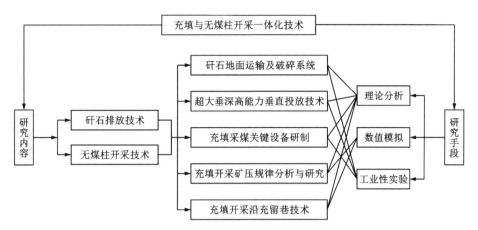

图 1.3-2　项目研究技术路线

第2章

固废排放技术系统分析

2.1 固废采空区快速处置技术的选择

利用井下废弃巷硐或者采空区处理固体废弃物，最有效的方法是充填开采技术。煤矿已有的充填开采技术划分如图 2.1-1 所示，其中部分充填和离层区充填是针对特殊技术诉求（封堵导水裂隙带等）在特殊地点使用的，处理固废能力过低；水砂充填因其造成水资源和砂资源浪费，已经淘汰。

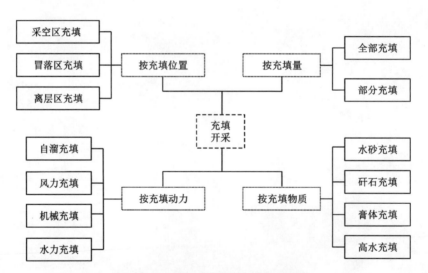

图 2.1-1 煤矿充填开采技术种类划分

我国是世界范围唯一在地下开采煤矿进行规模化充填的国家，三种主流规模化充填方法为固体充填、（似）膏体充填、（超）高水充填。其中，（超）高水充填是采用高水材料与水混合后填入采空区中的，凝固后形成一定强度的坚硬充填体；（似）膏体充填是将破碎矸石和水泥等胶结剂混合后填入采空区中的，凝固后可形成坚硬充填体对上覆岩层形成支撑；固体充填是采用矸石、粉煤灰等固体物料，直接填入巷道或者采空区中的，对上覆岩层形成一定支撑。

1. 基于超高水充填的可行性

（1）技术分析

在工作面的充填工艺分为自流法、隔离墙法和充填袋法，其中自流法和隔离墙法对工作面仰角要求过高，隔离墙法和充填袋法（如图2.1-2所示）工艺耗时过长，均无法进行高效充填。因此，近年来，超高水充填已不再用于旨在控制覆岩下沉和地表沉陷的长壁工作面全断面规模化充填，转而用于无煤柱开采沿充留巷的巷帮充填支护，且因其特有的材料密闭性，有利于封闭采空区和防灭火。

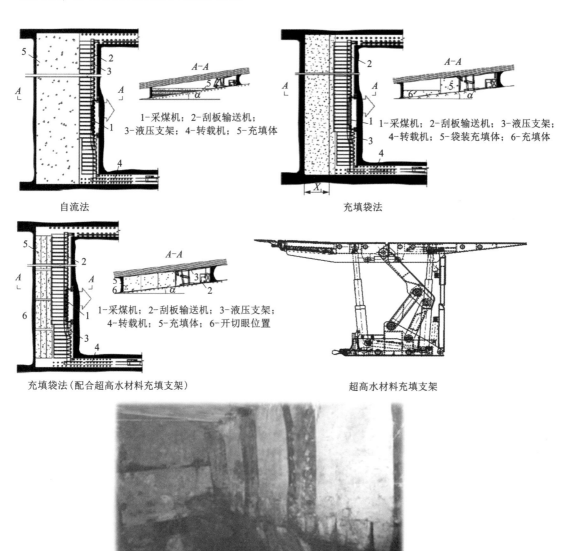

自流法

1-采煤机；2-刮板输送机；3-液压支架；4-转载机；5-充填体

充填袋法

1-采煤机；2-刮板输送机；3-液压支架；4-转载机；5-袋装充填体；6-充填体

充填袋法（配合超高水材料充填支架）

1-采煤机；2-刮板输送机；3-液压支架；4-转载机；5-充填体；6-开切眼位置

超高水材料充填支架

袋装充填体井下实拍照片

图2.1-2 超高水充填技术

（2）材料分析

超高水材料的制备和混合装备体量较小，可以直接安装在井下，但工艺复杂；超高水材料[两组(A料、B料)不同功能的固体复合材料]与水相互混合以后,产生快速水化反应,主要生成高结晶水化物——钙矾石,其95%以上由水组成。水是我国西部地区稀缺资源,实际价值大于固体材料价值,如大规模用以充填则造成资源损失;A料、B料中如增加固废材料,占比不能高于16%,且仅能使用特殊的固废,如非煤矿山尾矿和脱硫石膏,不能使用矸石、粉煤灰等主要煤基固废。因此,超高水充填与本项目的技术诉求完全不匹配,首先排除了超高水充填技术。

2.基于膏体充填的可行性

(1)技术分析

膏体充填的材料制备工艺复杂,地面需要安设大型增稠器、材料制备厂房和地面膏体充填站等,如果充填材料使用矸石,还需要增设多间大型厂房用于安设多级破碎装置,如图2.1-3所示。所以膏体充填的材料制备主体工艺部分均无法安装在井下。膏体工作面充填,有拖管法和隔墙-充填支架法。早期的拖管法直接将充填管道拖曳在传统掩护式支架上,尾部深入采空区。因为支架移架后顶板常直接垮落,失去充填空间,拖管法很快淘汰。现在使用的主要为隔墙-充填支架法,如图2.1-4所示。采用隔墙-充填支架法,在支架后方仍需采用人工隔墙为未完全固化的膏体材料约束塑形,工艺仍较为复杂,如图2.1-5所示。膏体充填技术的优势是在充填后能够较快地形成支护强度,对实际充实率的保障有明显优势,膏体充填的充填工艺时长一般低于超高水充填,但明显高于固体充填。

(2)材料分析

相较于超高水充填,膏体充填材料可以以高破碎比细颗粒矸石(一般粒径小于5 mm)和粉煤灰作为主要基料,用于处置固体废弃物。其中,使用纯微颗粒粉煤灰作为基料可以占材料质量比70%~80%,处置能力较大;如使用细颗粒矸石作为基料,质量占比一般小于50%,其他则为一定比例的粉煤灰、胶结料和矿井水,则矸石处理能力较低,且胶结料价格较高,水资源消耗相对较大,成本较高。综上所述,基于葫芦素煤矿采矿地质条件和开采技术条件,以及处置以矸石为主的固体废弃物的主要技术诉求,工艺复杂、系统庞大、高成本和低处理能力的膏体充填并不适合作为高效排矸的技术基础。

增稠器　　　　　　　　　　　　地面膏体充填站

图2.1-3　膏体充填地面装备与设施

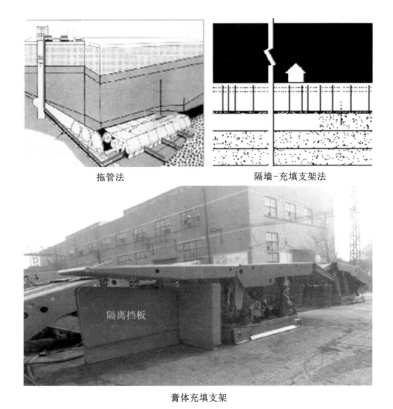

拖管法　　　　　　　　　　　隔墙-充填支架法

膏体充填支架

图 2.1-4　膏体充填工艺及主要装备

图 2.1-5　膏体充填工作面后部充填体

3. 基于固体充填的可行性

（1）技术分析

固体充填处置固体废弃物的发展时间较长，种类较多。较为简单的有直接堆砌法（直接用大块矸石垒墙、配合简单支柱隔挡）和胶结堆砌法（添加水泥等少量胶结料），目前仅在印度、巴基斯坦等技术落后国家少数矿井使用，如图 2.1-6 所示，其不仅工艺落后、耗费人力，且处置固废范围小，效率极其低下。美国、加拿大部分煤矿采用过地面钻孔法，将混合一定水的小颗粒矸石似浆体通过地面钻孔直接投放到采空区垮落带，如图 2.1-7 所示，但在本项目大宗处理矸石的技术诉求和 600 m+埋深的地质条件下并不适用。美国、澳大利亚曾直接采用将固废载具输送到废弃巷道或房柱式煤房，以推土装置推送的方式推送固废，如图 2.1-8 所示。该方式处理能力过低，需要多巷布置条件，也不适用于本项目大宗处置和无煤柱开采的技术诉求。

| 人工直接堆砌法 | 胶结堆砌法模型 |

图 2.1-6　堆砌法

图 2.1-7　地面钻孔法　　　　　　图 2.1-8　推土机推送固废

我国煤矿固体充填在 21 世纪初在河北邢东煤矿和山东岱庄煤矿也采用了巷式充填的模式，采用履带式抛矸装置，将固体废弃物抛入废弃巷硐，如图 2.1-9 所示。也曾设计采用抛矸机直接抛送固废进入长壁开采采空区，但因无法控制顶板提前垮落，无法实施，如图 2.1-10 所示。该种方式系统简单，容易实施，但处理能力太小，不适于本项目要求。

| 抛矸机巷式充填实拍 | 抛矸机示意图 |

图 2.1-9　抛矸机巷式充填技术

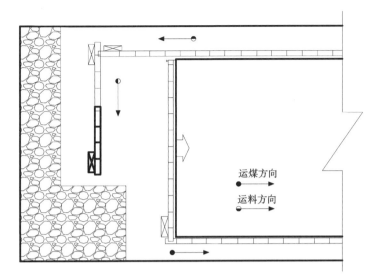

图 2.1-10　抛矸机采空区抛矸

我国自 2008 年开始，全面进行长壁开采工作面高效固体充填技术的研发，在山东翟镇煤矿、河北邢台煤矿和河南平顶山十二矿先后展开了综合机械化固体充填采煤技术的应用，并对技术进行了阶次的升级换代。综合机械化固体充填采煤技术解决了长壁工作面高效充填的"空间""通道"和"时效"问题，能够实现采充并行，如图 2.1-11 所示。

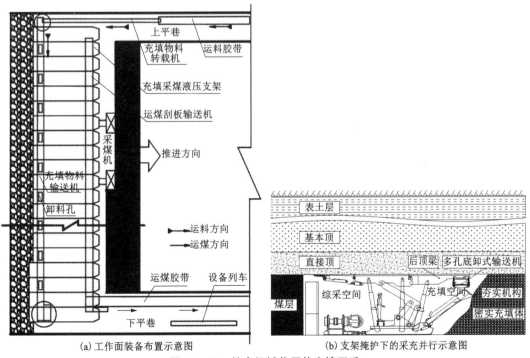

(a) 工作面装备布置示意图　　　　　(b) 支架掩护下的采充并行示意图

图 2.1-11　综合机械化固体充填开采

综合机械化固体充填采煤工作面装备系统复杂性相较于膏体充填和超高水充填相当，但工艺简单，充填工序耗时较短，有利于工作面快速推进，进而有利于矿压控制(快速推进工作面有利于规避强矿压显现)；同时，固体充填的材料制备储运系统是单线布局的，简单可靠，配料系统不需要精确配比，且不用考虑材料流态和固态时效控制，自由度高，可调控性强。综上所述，从技术角度，综合机械化固体充填采煤技术适于工作面高效固废排放的技术基础。

(2)材料分析

综合机械化固体充填采煤技术的固体充填材料可以完全因地制宜，根据现场多源的固体废弃物，经过实验测试出一定的允许配比范围，即可在这个范围内配比固废进行充填；固废材料的配比工序所在位置相对自由，可以在地面或者井下进行，不需要固化时间，其强度补充(夯实)工序完全重叠在工作面采煤与充填工艺正常推进过程中，没有专门等待时间，对工作面进度影响较小。

固体充填材料的地面处理，一般仅经过一级破碎，即控制粒径在 50 mm 以下(为适应投放系统和工作面输送机卸料不发生卡堵)，粒径 50 mm 以下的固体充填材料的大孔隙比例低，力学压实性能整体较好。根据多次实验测试，粒径范围在 0~50 mm 的压实性能差异较小，且一般粒径范围缩小后压实性能更优。同时，在混合了细骨料矸石或者粉煤灰微颗粒辅料后，力学性能进一步提升。因此，固体充填材料能够适应多源固废供给波动的不均衡，相较似膏体、膏体等材料需要相对精确的材料和水分配比，固体充填材料工业应用的适应性更优。

综合以上分析，综合机械化固体充填采煤技术，最适合作为长壁工作面高效固废排放技术的研发基础。

由于综合机械化固体充填采煤技术的主旨是最大限度降低等价采高控制覆岩下沉，进而实现控制导水裂隙带、控制地表下沉和解放建构筑物下压煤等目标，因而主要追求高密实度，控制最终压实度，一定程度牺牲了产能和固废处理能力。同时，因为装备等因素限制，综合机械化固体充填采煤工作面的产能一般低于 80 万 t/a，固废处理能力低于 100 万 t/a。本项目基于新的技术诉求，目标在于突破 100 万 t/a 的固废处理能力限制，在减弱一定岩层移动的基础上，通过创新快速巷帮补强技术，弥补散体固废充填体的边界支撑力不足，进而实现无煤柱开采。

2.2 基于固体充填固废排放模式分析

葫芦素煤矿是千万吨生产矿井，主采工作面产能高，推进速度快。由于矸石占开采煤炭资源量的 10%~20%，煤炭开采后形成的采空区空间在未完全垮落状态下的体积远大于煤矿散体固废的总体积。基于固废总量的因素，采用综合机械化固体充填采煤技术处理固废可以有多种模式。

1. 模式一：主采面全断面充填

如果在主采工作面采用全断面充填排放固废，其工作面布置示意如图 2.2-1 所示。

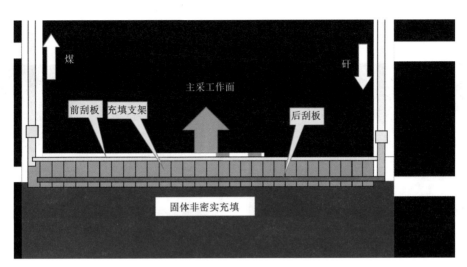

图 2.2-1　主采工作面非密实全断面充填

采用主采面全断面充填,存在以下问题。

(1)密实度低:固体废弃物总量不足,采面宽度大,推进较快(不能影响主采面煤炭产能),从材料和技术两方面分析,该种模式均无法实现相对密实充填,且实际初始充实率低于20%,最终末端充实率将不足15%,对矿压减弱极其有限,仅能实现固废的排放。

(2)留巷困难:固废排放对矿压减弱极其有限,在葫芦素矿井大埋深、高产能和强动压的开采环境下,实现低成本沿充留巷的难度陡增,巷道接续仍只能采取留设大煤柱的方式。

(3)装备限制:固体充填开采多孔底卸式输送机目前使用过的最长长度是180~200 m,如果在主采面全断面充填,则需要超过240 m,设备强度无法保障,双电机端头安装等作业复杂;如采用双输送机,则工序更为复杂。

(4)生产影响:综合机械化固体充填采煤技术虽然能够实现采充并行,但目前无法实现工作面推进速度完全等同于垮落法开采速度,充填工序在一定程度上仍会影响采煤作业,则全断面充填有影响产能风险。

(5)增加无效成本:全断面充填,则整个工作面要全部换装大体量的充填采煤液压支架,则增加了过多无效成本。

综上所述,全断面充填在技术上不可行。

2.模式二:主采面部分充填(混合开采工作面)

在主采工作面处理固废,也可以不采用全断面充填,仅充填工作面一段距离,即形成了常规垮落法开采和充填开采的混合开采工作面方案,该种模式曾在河南矿区和山东矿区先后工业性实验过。

混合开采工作面一般技术模式布置如图 2.2-2 所示:工作面运输巷(运煤巷道)一侧采用常规垮落法开采,运输巷随着工作面推进以垮落法处理;工作面运料巷一侧采用充填法开采,与垮落法开采一侧中间设有过渡区域;充填法一侧因充填后对顶板岩层移动的控制和对矿压的减弱，可沿充留巷，充填物料可以通过运料巷一侧或者留巷一侧运入工作面。其工作面接续方式如图2.2-3所示。

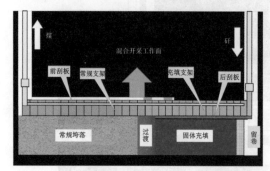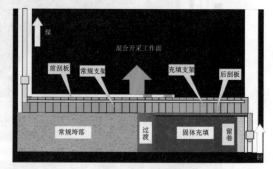

运料巷输送物料　　　　　　　　　　　　　　　　留巷输送物料

图2.2-2　混合开采工作面一般技术模式布置示意图

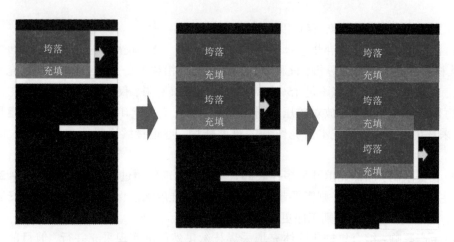

图2.2-3　混合开采工作面接续方式示意图

根据葫芦素采矿地质条件和开采系统条件分析，主要开采盘区已布置的工作面均已采用了双巷留设宽煤柱布置，则双巷布置一侧失去留巷意义，需要对拟单巷布置的一侧运煤巷进行留巷，则与混合开采工作面一般技术模式布置产生差异。基于实验盘区的特殊性，需要对混合开采工作面的一般技术模式进行改造，改造后形成3种布置方式，布置示意图如图2.2-4所示。

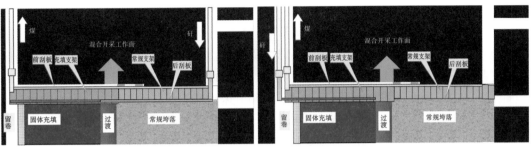

方式一：运料巷输送固废　　　　　　方式二：运输巷输送物料

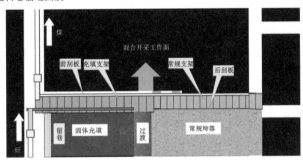

方式三：运输巷沿充留巷

图 2.2-4　3 种混合开采工作面技术模式

采用混合工作面方式，具有以下优势：

(1)掘进量少：因采用混合工作面，并未增加煤矿原巷道系统布置，基本不需要掘进新的回采巷道，减少了总掘进量。

(2)人员控制：无须增加新的采煤队，只需要在原队伍基础上增设充填员工即可，对控制总下井人数有优势。

(3)采面控制：未增加新的工作面，无须顾忌全矿井或采(带/盘)区的长壁工作面数量限制。

混合工作面方式也具有以下明显问题：

(1)协同困难：两种不同采煤工艺在同一个工作面同时运行，设备类型复杂，工序繁多、工艺复杂，实现互不干扰协同运行十分困难，在高产高效工作面，势必影响采煤产能。

(2)过渡段存在问题：两种工艺在工作面的过渡段的顶板控制、通风控制等工序复杂，且过渡段要设置 2~4 台特殊过渡支架，维护和维修困难。如过渡段后部安设电机，则维修更换更加困难。

(3)装备限制：如采用方式一运料巷输送固废，则后部输送机长度需超过 240 m，难以实现；后部输送机要越过垮落段，在该范围内无效作业，且该部分垮落支架也要进行相应改造以掩护输送机，设备投入成本过大。

(4)输送问题：如采用方式二，集成运煤和输送固废在 1 条巷道内，则巷道必须加宽，且端头部分集中大量装备，支护和作业均十分困难，较难实现；如采用方式三，利用留巷进行输送，则需增加巷道系统转运固废，且同样在端头集中大量装备，操作困难。

综上所述，混合开采工作面虽然在东部中低产能矿区曾经应用过，但并不适用于葫芦素煤矿固废排放项目的系统条件和技术诉求。

3. 模式三：独立固废排放工作面

第三种方案是在矿井开采区域内，寻找布置常规高产高效主采工作面有一定困难的区域，或者主采区边界不足以布置主采面的区域，单独布置一个新工作面。其核心功能是处理固废。又由于采面尺寸小于主采工作面，充填开采后对岩层移动和矿山压力影响小，可克服主采面布置的困难，实现无煤柱开采，进一步解放煤炭资源。这种布置方式虽然增设了采煤队和巷道掘进量，但是均在煤矿可承受范围内，不受设备的能力限制，且完全没有影响煤矿产能的风险。因此，本项目确定以综合机械化固体充填采煤技术为基础，布置独立固废高效排放长壁工作面。

2.3　固废高效处置工作面的基本参数

葫芦素煤矿首个高效固废处置实验工作面要求固废处置能力大于 100 万 t/a，则独立工作面的宽度 W 应为：

$$W = \frac{A_g}{330 n l_j \rho_g' h_c} \tag{2-1}$$

式中：W 为工作面宽度，m；A_g 为固废年处理能力，万 t/a；n 为日进刀数；l_j 为采煤机截深（充填步距），m；ρ_g' 为夯实后固废视密度，t/m³；h_c 为可充填高度，m。

式（2-1）中，夯实后固废视密度 ρ_g' 应根据固体废弃物压实实验结果进行计算，压实强度理论数值如下式计算：

$$\sigma_{\text{压实}} = \frac{2\sigma_{\text{夯}} \left(\dfrac{l_{\text{缸}}}{2} \right)^2}{S} \tag{2-2}$$

式中：$\sigma_{\text{压实}}$ 为压实板压实强度，MPa；$\sigma_{\text{夯}}$ 为夯实油缸夯实强度，MPa；$l_{\text{缸}}$ 为缸径，m；S 为压实板面积，m²。

式（2-2）计算得压实强度理论数值为 1.52 MPa，而在现场应用中，夯实操作处于单侧约束条件，实际达到的压实强度应为理论数值的 20%~35%，即 0.3~0.532 MPa，取最小值 0.3 MPa，结合实验数据，得到此时的夯实后固废视密度见表 2.3-1，其平均值为 1.595 t/m³。

表 2.3-1　夯实后固废视密度实验结果

单位：t/m³

实验组别	1#	2#	3#	4#	5#	6#	平均
视密度	1.577	1.611	1.536	1.593	1.627	1.625	1.595

式（2-1）中 h_c 为可充填高度，其计算公式为：

$$h_c = h - d - h_{\text{后}} = h - c \times h - h_{\text{后}} \tag{2-3}$$

式中:h_c 为可充填高度,m;h 为采高,m;$h_{后}$ 为工艺未接顶高度,取 0.15 m;d 为顶板提前下沉量,m;c 为顶板提前下沉系数,取 0.05。

　　计算得 h_c 可充填高度为 2.89 m,将其与夯实后固废视密度一起代入式(2-1),计算得工作面宽度应达到 108.7 m。因处于实验阶段,且受二盘区采矿地质条件和生产系统限制,拟利用已经开掘完毕的巷道,工作面宽度定为 80 m。之后接续的第二个工作面,宽度扩大到 110 m,则固废处理能力将超过 100 万 t/a。

第3章

固废力学特性测试研究

3.1 固废基本物理力学特性

3.1.1 自然堆积状态初始视密度

洗选矸石一般来自煤层夹矸和顶底板破碎岩层，在破碎成适合投料运输与充填粒径以后可直接用于充填。破碎成适合充填的洗选矸石多呈灰黑色，矸石棱角分明，形状各异，粒径差异较大，自然堆积后矸石颗粒之间会形成较大的空间。破碎成适合充填的洗选矸石如图 3.1-1 所示。

图 3.1-1　破碎成适合充填(粒径≤50 mm)的洗选矸石

通过矸石质量除以该矸石颗粒实体体积可求得密度。求密度时第 1 轮次用 4 个试样，第 2 轮次用 8 个试样，将得到的密度求平均值后可得出洗选矸石的原始密度/真密度(固体颗粒密度——求值时体积包括矸石颗粒内生微裂隙/毛细渗水裂隙)。第 1 轮次使用矸石堆积场矸石，有粒径较大颗粒矸石(粒径超过 100 mm)，测试结果偏高，为 2.512 t/m³；第 2 轮次为选煤厂纯洗选矸石，粒径低于 50 mm，测试结果偏低，为 2.442 t/m³。以数据平均值为基准，则洗选矸石在常温常压下的密度约为 2.477 t/m³。

以电子天平、量筒等工具对洗选矸石的原始密度(固体颗粒密度)及破碎后原始粒径级配下的堆积密度(自然堆积状态初始视密度)进行测试，破碎后的矸石分 8 组进行测试，测试分组数据如图 3.1-2(b)所示，测试的自然堆积状态初始视密度变化曲线如图 3.1-3 所示。

测试结果显示，堆积密度(自然堆积状态初始视密度)平均值为 1.364 t/m³。

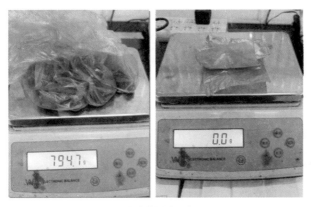

(a)称重测试照片

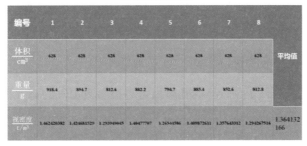

编号	1	2	3	4	5	6	7	8	平均值
体积/cm³	628	628	628	628	628	628	628	628	
重量/g	918.4	894.7	812.6	882.2	794.7	885.4	852.6	812.8	
视密度/(t/m³)	1.462420382	1.424681529	1.293949045	1.40477707	1.26544586	1.409872611	1.357643312	1.294267516	1.364132166

(b)视密度测试原始数据表

图 3.1-2　洗选矸石自然堆积状态初始视密度测试

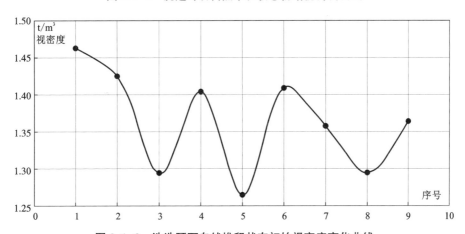

图 3.1-3　洗选矸石自然堆积状态初始视密度变化曲线

3.1.2　自然堆积状态初始碎胀系数

岩石破碎后自然条件下堆积的体积 V_1 与原始体积 V_0 之比 k_0 称为岩石初始碎胀系数，或称岩石原始碎胀系数。相同质量的岩石初始碎胀系数其计算公式如式 3-1 所示。

$$k_0 = \frac{V_1}{V_0} = \frac{\rho_0}{\rho_1} \qquad\qquad (3-1)$$

由上式可计算出洗选矸石破碎成适合充填粒径级配后，在原始粒径级配条件下的自然堆积状态的洗选矸石初始碎胀系数测试数据分布曲线如图3.1-4所示，平均值为1.816。

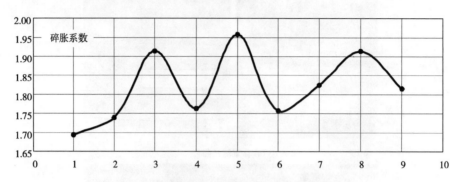

图3.1-4　洗选矸石初始碎胀系数测试数据分布曲线

3.1.3　自然堆积状态初始孔隙率

散体材料(土壤、碎石、砂砾等)的孔隙由可直接渗流水气的有效孔隙(贯通孔隙)和散体颗粒内部赋存的原生孔隙即微孔隙两部分组成。微孔隙主要由地质演化、震动损伤和风化作用形成，有效孔隙一般由地壳运动及人工崩裂或破碎形成。

1. 初始有效孔隙(贯通孔隙)率

矸石散体材料的有效孔隙是散体可压缩的主要原因。自然堆积矸石的有效孔隙示意图如图3.1-5所示，初始有效孔隙率可用下式表达：

$$n = V_v/V\,(初始有效孔隙率=孔隙体积/总体积) \qquad\qquad (3-2)$$

而初始碎胀系数：

$$k = V/(V-V_v)$$

初始有效孔隙率 n 与初始碎胀系数 k 的关系可用下式表达：

$$n = 1-1/k \qquad\qquad (3-3)$$

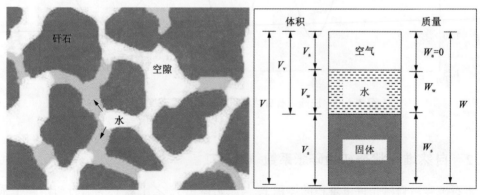

图3.1-5　自然堆积矸石的有效孔隙示意图

根据实验结果, 测定矸石散体材料在自然堆积状态下的初始有效孔隙率如图 3.1-6 所示, 其平均值为 0.454。

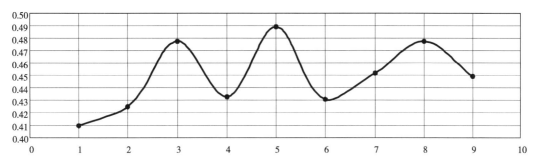

图 3.1-6　测定矸石散体材料在自然堆积状态下的初始有效孔隙率

2. 微孔隙率

破碎成适合充填粒径的矸石的微观结构对固体充填体在超高载荷下的承载性能及压缩特性有着重要的影响, 对矸石散体材料在浸水条件下的承载性能变化具有相关性。此外, 在赋存瓦斯等带压气体条件下, 如破碎后的矸石内部孔隙发育、孔径大, 则其承载能力较低, 压缩量较大, 不能对采场顶板形成良好的支撑, 从而不能达到充填留巷预期的效果。如孔隙率较小, 且孔径小的话说明破碎后的矸石比较致密, 具有良好的承载能力。目前通过电镜扫描对破碎成适合充填粒径后的矸石的微观结构研究实验较多, 而对破碎后矸石的孔隙率与孔径分布状态研究甚少。故本节通过对破碎成适合充填粒径的原始矸石进行孔隙率与孔径分布的测试, 从微观结构研究充填矸石的孔隙率与孔径分布状况, 揭示矸石破碎成适合充填粒径后对其自身承载性能及压缩性能的影响。

微孔隙率测试实验采用型号为 MacroMR12-150H-I 的核磁共振分析仪对矸石孔隙率与孔径分布进行测定。核磁共振分析仪相关参数: 磁体温度(32 ± 0.01)℃, 主磁场强度(0.3 ± 0.05)T, 磁体频率 10.64~14.90 MHz, 磁场均匀性≤50×10^{-6}(ϕ150 mm 球体), 频率源范围 1~30 MHz, 脉冲频率控制精度 0.1 Hz, 脉冲宽度精度 100 ns。相对而言, 该设备具有精度高、测试时间短、对实验样品无破坏性、安全、环保等诸多优点。实验设备如图 3.1-7 所示。

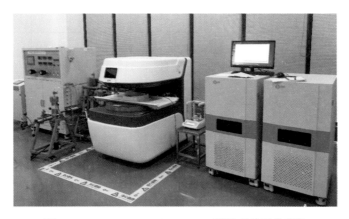

图 3.1-7　MacroMR12-150H-I 型核磁共振分析仪

本实验对每个矸石样品按照如下步骤进行测试：

（1）选取矸石样品并用自来水浸泡使其处于完全饱和状态。为了最大限度还原现场充填矸石的原始状态，将矸石破碎成适合现场充填粒径以后，随机选取不同形状与粒径的矸石用自来水在常温下浸泡120 h，使其处于完全饱和状态，如图3.1-8所示。

（2）采用低频核磁共振分析仪对矸石进行测试。首先将低频核磁共振分析仪所在实验室内的温度与湿度调节到适合该仪器进行测试的环境，之后打开核磁共振分析仪进行调试、定标。再将原先浸泡好的矸石样本取出，测量其质量与体积，然后将其表面的水分擦拭干净放入测试试管内，将试管放入指定测试位置进行测试。

按上述实验步骤对10个随机选取的饱和矸石样品进行测定，测试矸石的质量、体积、密度以及孔隙率如表3.1-1所示，矸石孔隙率分布曲线如图3.1-9所示，矸石孔径分布如图3.1-10所示。

图3.1-8　用自来水浸泡120 h后的矸石

表3.1-1　矸石孔隙率与基本物理性质

序号	质量/g	体积/cm³	密度/(g·cm⁻³)	孔隙率/%
1	19.872	8.012	2.480	7.842
2	21.565	8.584	2.512	8.471
3	16.446	6.295	2.612	8.780
4	22.728	9.516	2.388	8.460
5	20.353	8.132	2.503	9.917
6	19.258	7.439	2.589	7.488
7	16.675	6.723	2.480	10.595
8	16.110	6.437	2.502	9.368
9	15.134	6.009	2.519	7.120
10	14.562	5.723	2.544	7.786

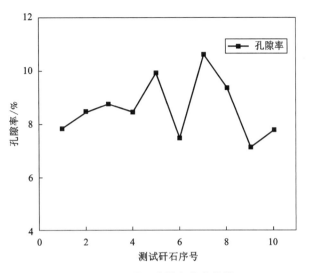

图 3.1-9　矸石孔隙率分布曲线

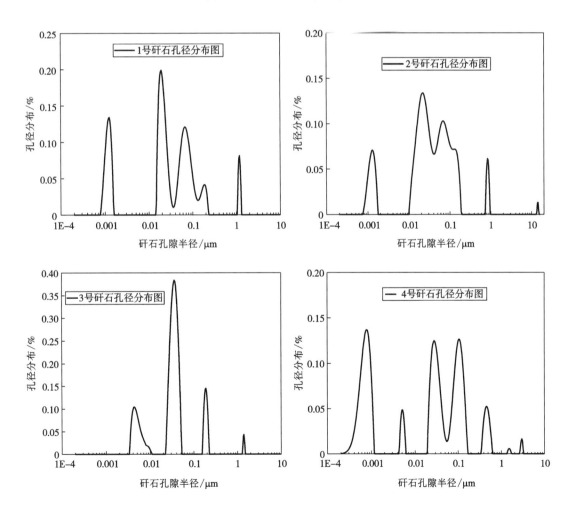

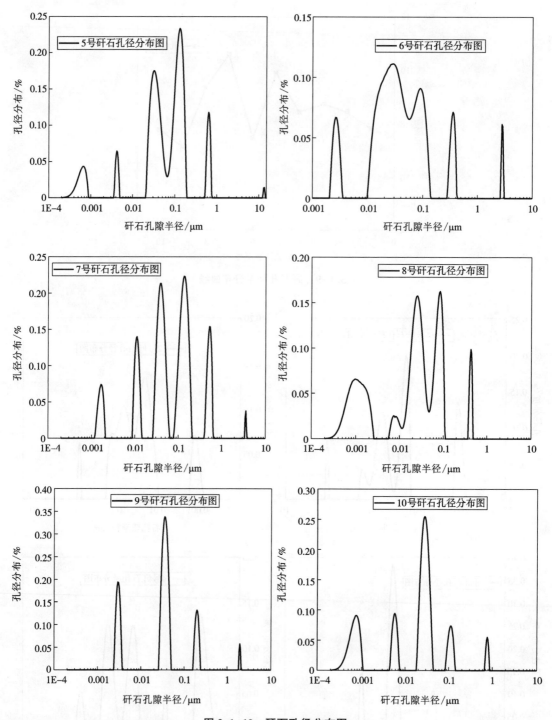

图 3.1-10 矸石孔径分布图

由以上结果可以看出，将矸石破碎成适合充填粒径之后，测得其孔隙率分布在 7% ~ 11%，孔隙率最小为 7.12%，最大为 10.595%，平均孔隙率为 8.58%。由此可以看出破碎后的矸石孔隙率较低，有比较高的致密性。矸石内的孔径几乎都处在 10 μm 以下，只有 2 号矸石与 5 号矸石有极少量矸石的孔径大于 10 μm。从矸石孔径的整体分布状况来看，孔隙半径小于 0.1 μm 的占总孔隙量的一半以上。除了 5 号和 7 号矸石的孔隙半径小于 0.1 μm 的分别占总孔隙量的 57% 和 54%，别的矸石孔隙半径小于 0.1 μm 的占总孔隙量的 80% 以上，9 号矸石孔隙半径小于 0.1 μm 的占总孔隙量的 93% 以上。孔径小于 0.1 μm 的占总孔隙量的折线图如图 3.1-11 所示。

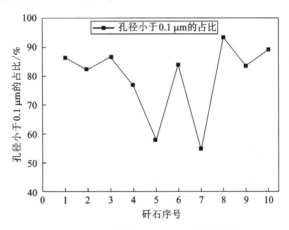

图 3.1-11　矸石中小于 0.1 μm 的孔径占比图

综上分析可知，将矸石破碎成适合充填的粒径后，其孔隙率在 8.6% 左右，而孔径主要以孔径小于 0.1 μm 的微型孔径为主。所以可以得出矸石内部的孔隙率较小，孔隙孔径多数小于 0.1 μm，故从充填矸石自身的微观角度去分析，认为充填矸石在受到充填液压支架后部夯实机构夯实或者受到顶板压缩时，破碎矸石颗粒相互挤压，孔隙逐渐变小形成稳定结构，具有良好的承载能力，且矸石内部的孔隙对其变形量影响较小，可忽略不计。故矸石在压实过程中，其变形主要由矸石堆积之后形成的空隙不断被压实、被更小粒径的矸石充填产生。下一节将以宏观的角度去研究固体充填材料的压实特性。

3.2　固体废弃物胶结力学特性测试

3.2.1　实验目的

该实验目的为测定在恒压条件下散体固体废弃物的胶结特性，为储料仓和防堵系统等设计的重要依据。

3.2.2　实验方案

实验选用设备为 MTS 电液伺服系统和散体材料压实实验筒。实验过程为：将散体矸石材料安放于 MTS 系统进行加压测试。用载荷模拟储料仓内固体材料上部空气压力和自重压力,采用匀速增压和恒定压力(均压)两种方式加载。材料经过 MTS 压实后,拆除实验筒下部托盘,验证材料胶结程度,如图 3.2-1 所示。

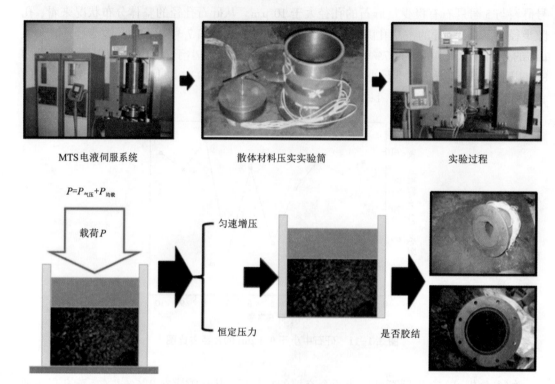

图 3.2-1　胶结实验原理图

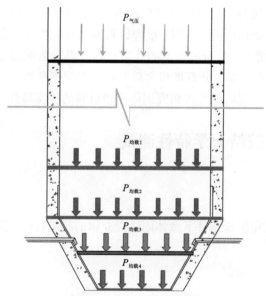

图 3.2-2　储料仓底部均压测线选取原理图

实验过程中,使用 MTS 匀速加载达到均匀载荷 $P_{均载}$。采用 4 组数据,分别模拟缓冲仓下部 4 条测线位置的均匀载荷,分别为 $P_{均载1}$、$P_{均载2}$、$P_{均载3}$、$P_{均载4}$。原理图如图 3.2-2 所示。均压的上限为缸内矸石被压缩至均压测线位置所需的最大固结应力。上限计算方法有两种,计算结果选取最大值:

(1)28 m 深的散体矸石形成的压强(储料仓高度)+1.6 倍大气压(硐室内应为投料气压增大)= 0.58616 MPa,即 MTS 载荷约 4.6 kN。

(2)以每深 100 m,增压 2.5 MPa 计算,则 28 m 深的散体矸石压强 = 0.7 MPa,即 MTS 载荷约 5.49 kN。

综合以上计算结果,实验中,以 6 kN 为最大值 $P_{均载1}$,以后以 1 kN 差值递减。每组实验选择匀速加载,加载速度 0.5 kN/s,均压加载结束后,拆除实验装置封盖倾倒材料验证胶结性。

3.2.3　实验结果

$P_{均载1}$ = 6 kN 实验实拍如图 3.2-3 所示,应变及应力-应变曲线如图 3.2-4 所示。应力维持在 0.7 MPa 的恒压阶段,应变变化趋于水平,稳定在 0.08 以下。也即说明,在储料仓料满的情况下如停止投料,料仓内的固废不会再发生明显压缩形变,胶结程度不会进一步提升。$P_{均载1}$ = 6 kN 实验完成后的大部分矸石即使在磕砸金属缸的情况下仍无法直接倒出,呈较强胶结态,需人工敲击破拆。

图 3.2-3　6 kN 胶结实验压实后缸体内实拍照片

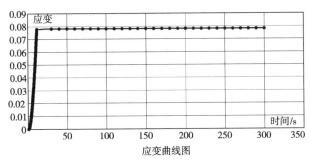

应变曲线图

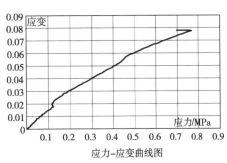

应力-应变曲线图

图 3.2-4　6 kN 胶结实验数据结果

以 1 kN 差值递减，第二组实验 $P_{均载2}$ = 5 kN，如图 3.2-5 所示。实验数据结果如图 3.2-6 所示。在进入恒压状态后，应变变化趋于水平，稳定在 0.09。$P_{均载2}$ = 5 kN 实验完成后的矸石在磕砸金属缸的情况下无法完全倒出，下部呈较强胶结态，需人工敲击破拆。

 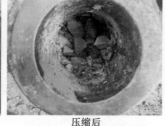 

压缩前　　　　　　　　　压缩后　　　　　　　　倾倒出部分矸石

图 3.2-5　5 kN 胶结实验照片

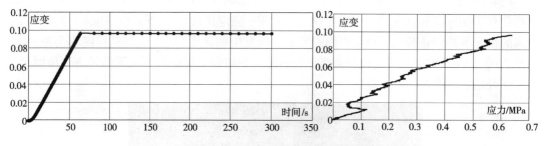

图 3.2-6　5 kN 胶结实验数据结果

第三组实验 $P_{均载3}$ = 4 kN，如图 3.2-7 所示。实验数据结果如图 3.2-8 所示。在进入恒压状态后，应变变化趋于水平，稳定在 0.06。$P_{均载3}$ = 4 kN 实验完成后的矸石完全可以直接倒出，未呈现胶结情况，说明在该载荷下，储料仓下部不会发生胶结堵仓的情况。

压缩前　　　　　　　　　压缩后　　　　　　　一次性倾倒出所有矸石

图 3.2-7　4 kN 胶结实验照片

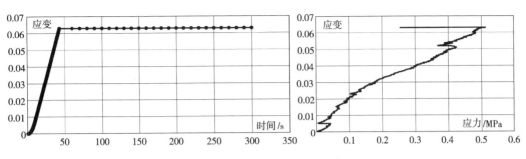

图 3.2-8　4 kN 胶结实验数据结果

为提高实验精确性，补充测试一组 $P_{均载4}$＝4.5 kN 的实验，如图 3.2-9 所示。应力-应变曲线如图 3.2-10 所示。在进入恒压状态后，应变变化趋于水平，稳定在 0.07。$P_{均载4}$＝4.5 kN 实验完成后的矸石无法一次性完全倒出，下部呈现一定胶结情况，说明在该载荷下，储料仓下部仍会发生堵仓。

压缩前　　　　　　　　　　压缩后　　　　　　　　未完全倾倒出所有矸石

图 3.2-9　4.5 kN 胶结实验照片

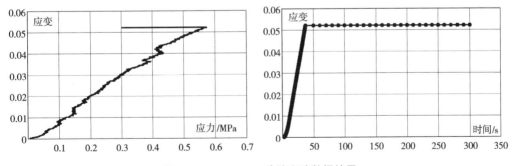

图 3.2-10　4.5 kN 胶结实验数据结果

综合以上实验结果，且考虑一定安全系数，选择 4 kN 作为矸石胶结的分界数值。载荷 4 kN 即应力达到 0.5 MPa。

如假定储料仓内部物料高度密实，矸石孔隙被水分充满，以矸石真密度计算，则储料

仓内部储料高度 h_a 可以下式算出：

$$h_a = 0.5 \ \text{MPa} \times \frac{100 \ \text{m}}{2.5 \ \text{MPa}} = 20 \ \text{m} \tag{3-4}$$

如根据散体矸石视密度计算，储料仓内部储料高度 h_a' 可以下式计算：

$4 \ \text{kN}$ 载荷视密度 = 自然视密度 $1.364 \ \text{t/m}^3 \times (1+4 \ \text{kN}$ 载荷压实度) = $1.446 \ \text{t/m}^3$

$$h_a' = 0.5 \ \text{MPa} \times \frac{100 \ \text{m}}{1.446 \ \text{MPa}} = 34.6 \ \text{m} \tag{3-5}$$

3.2.4 实验结论

（1）满仓报警高度

根据实验结果，考虑一定安全系数，储料仓的储料报警高度应设置为 20 m，即物料高度达到 20 m 后，满仓报警器报警，地面停止投料。

（2）夯实强度

胶结实验的夯实强度在 0.5~0.7 MPa，且为侧向约束夯实，这个载荷同时也是充填开采液压支架后部夯实系统实际给予充填体的夯实强度（虽然夯实的理论设计值是 1.5 MPa，但夯实的侧向约束能力较弱，实际压实载荷为理论值的 30%~50%）。在这个范围内，散体矸石刚好处于胶结和非胶结的临界状态，因此，在实际应用中，如需尽快达到有效的初始压实度，应该增加夯实频次，提升胶结程度，进而提升充填质量。

3.3 固体废弃物自然配比压实特性测试

3.3.1 实验目的

压实特性测试的主要目的是为确定长壁综采工作面后部回填后的顶板最终下沉值，即测定填充后该区段的等价采高。在固体充填采煤中，当煤层被采出后，固体充填材料被充填进入采空区，形成支撑体承载并传递着采空区围岩的载荷。固体充填采煤从根本上改变了自然垮落法开采工作面采场岩层移动特征及矿压显现规律，为采场围岩创造了良好的围岩应力环境，弱化了采场矿压显现，从而为实施沿充留巷提供了良好的条件。固体充填材料的压实特性是控制围岩移动和矿压显现的重要影响因素，不同的固体充填体压实特性对留巷的影响也不同。固体充填材料的压实特性曲线的分析是准确设计采空区充实率的必要条件，是研究不同的采空区充实率对采场及留巷围岩运移规律影响的必然要求。压实实验的测试结果，是工作面及两巷岩层控制的理论计算和数值模拟的主要参数。在压实实验测试中，即测定采空区内的矸石材料在达到工作面埋深位置的垂直原岩应力时的残余碎胀系数 k_c。

3.3.2 实验方案

实验采用 MTS 电液伺服系统进行测试（如图 3.3-1 所示），将固体充填材料放入自制的圆柱形压实缸进行侧限压缩实验，使用 MTS 匀速加载于实验缸内粒径小于 50 mm 的自然配比矸石上，如图 3.3-2 所示。

加载最大应力为葫芦素煤矿应用工作面所在埋深最大垂直应力，即：

$$P_{\max} = \frac{2.5\ \text{MPa}}{100\ \text{m}} \times h_{\text{埋深}} = 16\ \text{MPa}$$

为提高实验精确性，实验共做 6 组（1#~6#）。

图 3.3-1　MTS 电液伺服系统实拍图

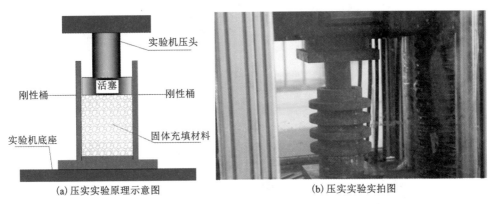

(a) 压实实验原理示意图　　　　　　　　　(b) 压实实验实拍图

图 3.3-2　固体充填材料侧限压缩装置轴向压实实验

3.3.3　实验结果

如图 3.3-3 所示，6 组实验在经 16 MPa 轴向载荷压缩后的散体矸石均已高度密实和胶结，有效孔隙几乎完全闭合，且矸石材料（尤其是粒径较大矸石）出现断裂。压缩后的缸体内的散体矸石材料，需采用钻孔破拆才能取出矸石。

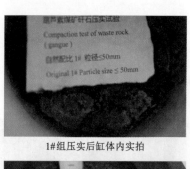

1#组压实后缸体内实拍

2#组压实前缸体内实拍

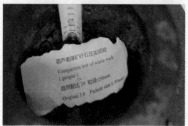

3#组压实前缸体内实拍

3#组压实后缸体内实拍

4#组压实前缸体内实拍

4#组压实后缸体内实拍

5#组压实前缸体内实拍

5#组压实后缸体内实拍

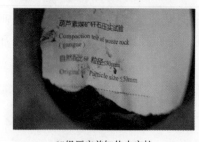

6#组压实前缸体内实拍

6#组压实后缸体内实拍

图 3.3-3 自然配比压实特性测试实拍照片

1#~6#实验测试的自然配比压实特性应力-应变(应力-压实度)对应关系曲线如图 3.3-4 所示。

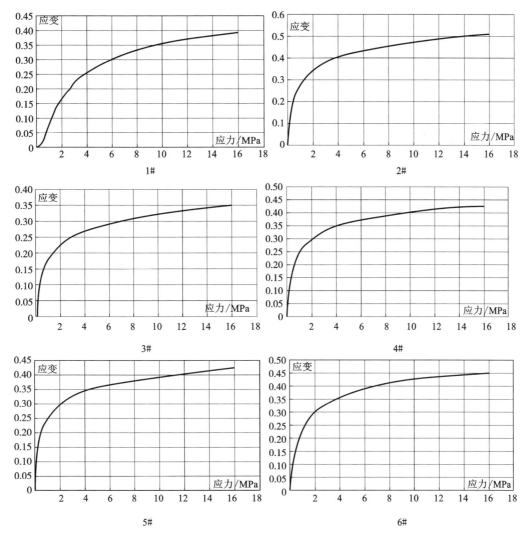

图 3.3-4　自然配比压实特性应力-应变(应力-压实度)对应关系曲线

自然配比压实特性测试在 $P_{max} = 16\ MPa$ 条件下的最大压实度见表 3.3-1，平均值为 0.415。

表 3.3-1　自然配比压实特性测试最大压实度($P_{max} = 16\ MPa$)

实验组别	1#	2#	3#	4#	5#	6#	平均
应变 (压实度)	0.39	0.48	0.35	0.42	0.41	0.44	0.415

1#~6#实验测试的自然配比残余碎胀系数变化曲线如图 3.3-5 所示。

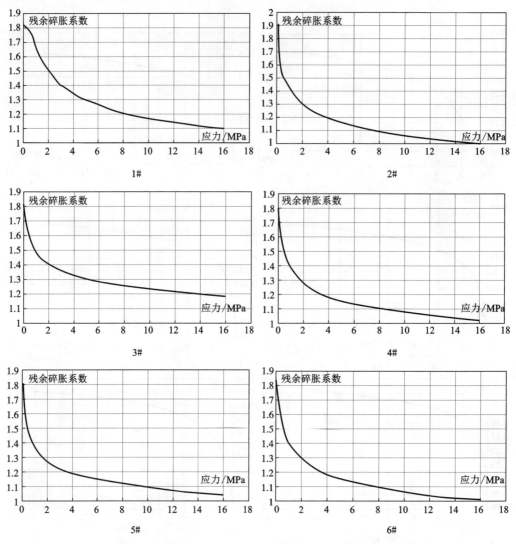

图 3.3-5　自然配比残余碎胀系数变化曲线

自然配比压实特性测试在 $P_{max}=16$ MPa 条件下的最小碎胀系数见表 3.3-2，平均值为 1.085。该数据表明，在 16 MPa 条件下，散体矸石高度密实，碎胀系数已经低于 1.1。

表 3.3-2　自然配比压实下最小碎胀系数（$P_{max}=16$ MPa）

实验组别	1#	2#	3#	4#	5#	6#	平均
碎胀系数	1.11	1.073	1.183	1.053	1.072	1.017	1.085

1#~6#实验测试的自然配比散体矸石视密度变化曲线如图 3.3-6 所示。

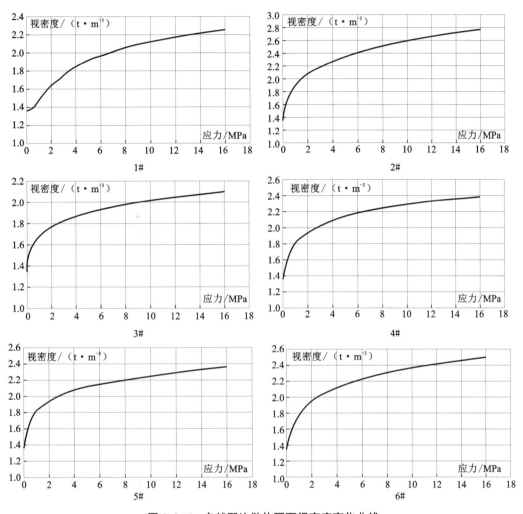

图 3.3-6 自然配比散体矸石视密度变化曲线

自然配比压实特性测试在 $P_{max} = 16$ MPa 条件下的最大视密度见表 3.3-3，平均值为 2.307 t/m³。

表 3.3-3 自然配比压实下散体矸石最大视密度($P_{max} = 16$ MPa)

实验组别	1#	2#	3#	4#	5#	6#	平均
视密度/(t·m⁻³)	2.248	2.326	2.093	2.391	2.354	2.440	2.307

3.3.4　实验结论

自然配比矸石散体材料在 16 MPa 轴向载荷条件下的压实实验结果表明，在高应力压缩下，散体矸石材料压实度高达 0.415，残余碎胀系数为 1.085，小于 1.1，视密度为 2.307 t/m³，散体材料已经高度密实，且偏大粒径矸石均出现破断。

3.4　固体废弃物自然配比蠕变特性测试

3.4.1　实验目的

固体散体材料在恒压条件下，发生的缓慢形变，称为蠕变，或流变。散体充填材料在充入采空区后，由于各种因素其会处于较长一段时间的恒压状态，因流变下缩，覆岩会发生一定程度的移动下沉；散体充填材料充入第 1 个工作面后，留巷另一侧的工作面开始生产，此时第一个工作面的充填材料在一定恒压下持续发生形变，覆岩缓慢下移，增加留巷区域载荷。因此，掌握散体材料的流变特性，有助于对采空区充填体的长效形变特性进行分析。

3.4.2　实验方案

使用 MTS 对缸内散体矸石匀速加载到煤矿开采深度原岩最大垂直应力即 16 MPa 时，维持 16 MPa 应力载荷 1 h。实验共进行 3 组(1#~3#)。

3.4.3　实验结果

1. 1#蠕变实验结果分析

1#蠕变测试实拍照片如图 3.4-1 所示，在进行流变加载之后，散体矸石材料高度密实，有效孔隙较难分辨，较大粒径矸石均出现破断情况，缸体内材料高度胶结，需要人工钻孔拆卸。测试数据结果如图 3.4-2 所示。应力-应变曲线基本与压实实验结果趋同。由蠕变应变与时间相关性曲线可知，应变在进入恒压阶段后趋平。

图 3.4-1　1#蠕变测试实拍照片

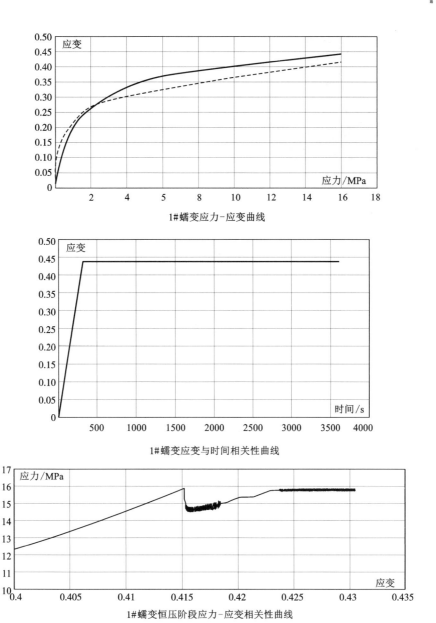

图 3.4-2　1#蠕变测试结果

　　蠕变恒压阶段应力-应变相关性曲线显示，在进入恒压阶段后，应变仍旧缓慢增长，但由于基础应力 16 MPa 数值较大，流变应变量占总应变量比重较小。这说明，在充填区域达到充分下沉后，采空区覆岩移动能够较早进入稳定状态。

　　2. 2#蠕变实验结果分析

　　2#蠕变测试实拍照片如图 3.4-3 所示，与 1#测试规律近似。数据结果如图 3.4-4 所示。应力-应变曲线基本与压实实验结果趋同。由蠕变应变与时间相关性曲线可知，应变在进入恒压阶段后趋平。

2#组测试前缸体内实拍　　　　　　　　　　　　　2#组测试后缸体内实拍

图3.4-3　2#蠕变测试实拍照片

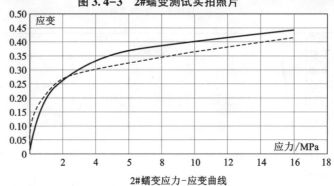

2#蠕变应力-应变曲线

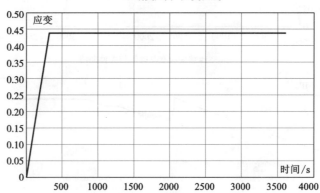

2#蠕变应变与时间相关性曲线

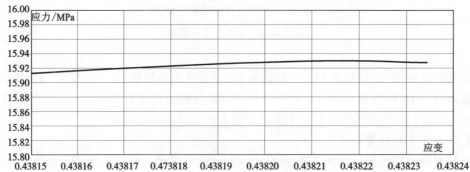

2#蠕变恒压阶段应力-应变相关性曲线

图3.4-4　2#蠕变测试结果

3.3#蠕变实验结果分析

3#蠕变测试实拍照片如图 3.4-5 所示，测试数据结果如图 3.4-6 所示。3#测试结果与 2#规律相似。

 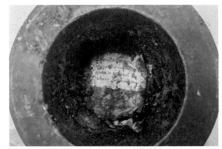

3#组测试前缸体内实拍　　　　　　　　　　3#组测试后缸体内实拍

图 3.4-5　3#蠕变测试实拍照片

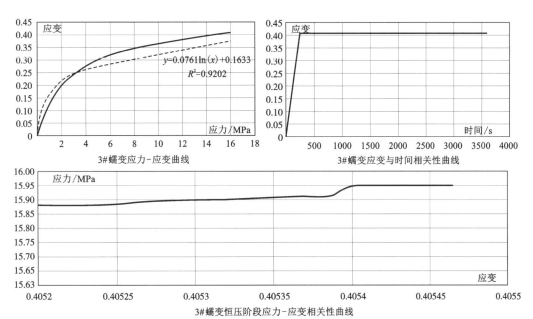

图 3.4-6　3#蠕变测试结果

4. 实验结果对比分析

蠕变实验 16 MPa 恒压最大压实度数值见表 3.4-1。压实度整体偏大，均值大于自然配比压实实验压实度均值(0.415)，差值为 0.0129，即蠕变阶段，散体矸石材料继续发生了 1.29%的形变。

表 3.4-1　蠕变实验 16 MPa 恒压最大压实度

实验组别	1#	2#	3#	均值
最终压实度	0.4301	0.4382	0.4055	0.4279

蠕变实验 16 MPa 恒压阶段应变变化占总应变量的比值见表 3.4-2，恒压阶段应变变化量占总应变量的 0.927%，占比较小。这说明，在采空区内达到原岩应力载荷后，散体矸石材料形变能够尽快稳定。

表 3.4-2　恒压阶段应变变化占总应变量的比值

实验组别	1#	2#	3#	均值
占比	0.0132	0.0091	0.0055	0.00927

3.5　固体废弃物不同级配压实特性测试

3.5.1　实验目的

基于不同的固体废弃物本身力学属性，以及不同的生产、分选和破碎工艺，散体矸石材料会呈现不同的粒径配比（级配），级配的上限（最大粒径）也经常产生变化；固体废弃物从选煤厂、电厂等反向输送也会因为固体废弃物堆放、装载和运输等因素，造成固体颗粒粒径分布不均衡；固体废弃物的垂直反向运输，采用直接高速投放的方式，在稳压系统风阻较小时，固废高速下落，也会明显影响粒径范围。因此，应对自然配比状态散体矸石材料进行粒径分级和配比，并进行不同级配压实特性测试，掌握其力学特性差异。

3.5.2　实验方案

1. 粒径分布规律筛分实验

粒径分布规律筛分实验，即通过分级筛（如图 3.5-1 所示），筛分出不同粒径范围的矸石，并分别测量质量，计算其占自然配比矸石总质量的比重。本次实验选择总粒径范围为 0～50 mm，分别筛分 0～5 mm、5～10 mm、10～20 mm、20～30 mm、30～40 mm 和 40～50 mm 共 6 组粒径范围的散体材料，并称重计算占比。

图 3.5-1　不同口径分级筛

2. 不同级配压实特性测试

实验采用 MTS 电液伺服系统进行测试。对通过筛分实验得到的不同粒径范围散体矸石进行粒径配比，配比粒径比重均设定为等比例，范围组合共分为 6 组：1#(0~5 mm)、2# (0~10 mm)、3#(0~20 mm)、4#(0~30 mm)、5#(0~40 mm)、6#(0~50 mm)，分别对 6 组不同级配散体矸石进行压实实验。

3.5.3　实验结果

1. 粒径分布规律筛分实验

粒径分布规律筛分实验筛分过程、筛分试样及称重如图 3.5-2 所示。

(a) 筛分过程

(b) 不同粒径范围的散体矸石

(c) 对不同粒径范围的散体矸石称重

图 3.5-2　筛分实验过程实拍照片

不同粒径范围散体矸石质量占比见表 3.5-1。由表 3.5-1 可见，自然配比的散体矸石材料中，在 0~20 mm 粒径范围占比较小，20~50 mm 粒径范围占比较大。

表 3.5-1　不同粒径范围散体矸石质量占比

级配	重量/kg	占比
0~50 mm 粒径矸石总重量	19.153	1
0~5 mm 粒径矸石重量	2.597	0.135592335
5~10 mm 粒径矸石重量	2.496	0.13031901
10~20 mm 粒径矸石重量	2.317	0.120973216
20~30 mm 粒径矸石重量	3.946	0.206025166
30~40 mm 粒径矸石重量	3.767	0.196679371
40~50 mm 粒径矸石重量	4.03	0.210410902

2. 不同级配压实特性测试

不同粒径范围压实特性测试实拍照片如图 3.5-3 所示。由图片可以明显看出，在 16 MPa 载荷下，所有 6 组实验试样在压缩后均高度密实和胶结，大粒径矸石均出现破断情况。

0~5 mm 压实后　　　　　　0~10 mm 压实后

0~20 mm 压实前　　　　　　0~20 mm 压实后

0~30 mm 压实前　　　　　　　0~30 mm 压实后

0~40 mm 压实前　　　　　　　0~40 mm 压实后

0~50 mm 压实前　　　　　　　0~50 mm 压实后

图 3.5-3　不同粒径范围压实特性测试实拍照片

不同粒径范围压实特性测试应力-应变曲线如图 3.5-4 所示。

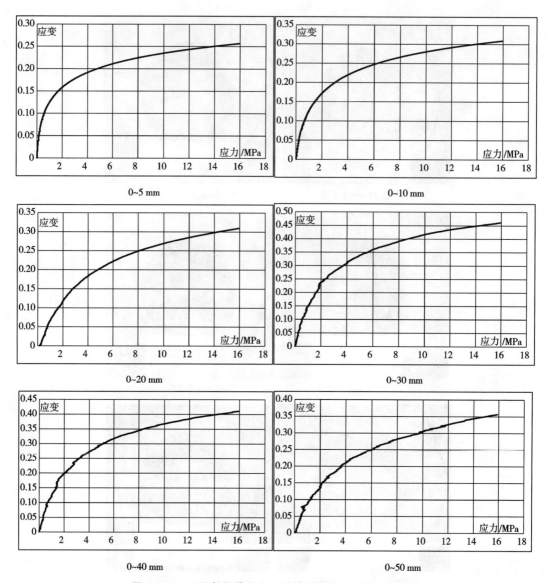

图 3.5-4　不同粒径范围压实特性测试应力-应变曲线图

　　不同粒径范围在 16 MPa 载荷下最大压实度见表 3.5-2。随着粒径范围增大，有效孔隙比重增加，最大压实度也趋于增加。在 0~20 mm 粒径配比范围内，整体压实性能较好。

表 3.5-2　不同粒径范围散体应变(压实度)

实验组别	0~5 mm	0~10 mm	0~20 mm	0~30 mm	0~40 mm	0~50 mm
应变 (压实度)	0.2566	0.3087	0.3094	0.4414	0.4106	0.3569

第 4 章

矸石地面运输与破碎系统

4.1　主要设计原则

1. 矸石地面运输与破碎系统与煤矿生产系统相互独立

矸石地面运输和破碎系统不能影响选煤厂生产，更不能影响井下生产，因此在设计上需增强系统先进性和可靠性，技术方案和设备选型应充分考虑选煤厂生产、矸石运输破碎系统和井下充填系统的衔接和差异，实现各系统互相独立、生产可靠。

2. 系统能力确定

本矿井(本项目研究的矿井)设计生产能力 13.0 Mt/a，核准生产能力 8.0 Mt/a，洗选矸石量按照 15% 左右的比例计算，且暂不考虑将来可能增加末煤洗选的因素，生产矸石量约 1.5 Mt/a。本矿井初期的矸石充填能力确定为 1.0 Mt/a，后期最大可达 1.5 Mt/a，因此地面系统运输能力需兼顾后期，并考虑一定富裕系数，按照 2.0 Mt/a 考虑。经计算，确定本次矸石地面运输破碎系统能力按 700 t/h 进行设计。

3. 系统预留汽运矸石接口

井下生产中，工作面遇搬家倒面或充填系统遇故障时，备用矸石仓的洗选矸石应能接入矸石充填系统，实现矸石不外排。

4.2　关键技术方案比选

4.2.1　一级破碎和闭路破碎的选择

本矿井井下矸石充填方式为刮板输送机卸矸充填，对于固体充填方式，作为充填骨料的矸石，其粒级组成没有特别严格的要求。由于投放井较深，为了减少投放矸石对投放井缓冲器的冲击力，设计矸石的粒度要求为小于 50 mm。

洗选矸石的粒度上限为 150 mm，要求出料粒度小于 50 mm，破碎比大于 3。

基于系统可靠性要求与简化工艺布置的原则，设计选择一级破碎，将矸石原料加工为粒度小于 50 mm 的骨料。由于破碎机对于粒度上限的控制并不十分精确，无法完全杜绝超限粒级的矸石，为了简化矸石破碎系统，可通过调节破碎机出口大小来调节。

4.2.2 破碎设备选择

目前常用的破碎设备如下：

(1)颚式破碎机。颚式破碎机的结构由动颚和定颚组成。工作时，物料装于动颚和定颚之间，动颚周期性地靠近定颚通过压碎方式将物料破碎。具有波纹状齿的破碎板安装在动颚上，因此对物料也有劈裂和折断作用。这种破碎机具有结构简单、工作可靠、可适应各种中等粒度物料的破碎等优点，被破碎物料的最高抗压强度可达 320 MPa，但破碎动作间歇时间较长，降低了工作效率。

(2)齿辊式破碎机。齿辊式破碎机的主要工作部件是辊子，辊面上有牙齿或沟槽等形状，其原理是利用辊面的摩擦力将物料咬入破碎区，对物料产生挤压或劈裂作用。可用于粗碎，并可获得较大的破碎比。

(3)圆锥破碎机。圆锥破碎机适合于中碎或细碎作业。圆锥式破碎机具有生产粒度优异、生产率高、易损件消耗少、运行成本低等优点，有些还采用了液压清腔系统，减少了停机时间。该破碎机也适用于硬度较大的物料，但同时体积也较大。

(4)反击式破碎机。反击式破碎机由板锤、转子、机体等组成。板锤固定安装于转子上，并在机体破碎腔内分别布置若干反击板，当转子高速旋转时，板锤对物料产生高速冲击作用，并在反击板上回弹反复冲击破碎物料。反击式破碎机结合了锤式破碎机的优点，并可调节排料粒度，但适应性仍较差，仅可处理粒度不大于 500 mm、抗压强度不超过 320 MPa 的物料。由于间断工作，锤头磨损较快、粉尘较大，机型一般较大，容易产生过粉碎。

颚式破碎机较适用于粗破各种硬度大的矿石物料；齿辊式破碎机对于破碎比不大的中等硬度的物料也有很好的应用，但由于其破碎机理不利于产生细料，且物料限上率和级配控制较困难，对于矸石中细破碎应用较少。目前，对于石料生产和加工，常用的设备有圆锥破碎机和反击式破碎机，大都作业在中细碎环节。反击式破碎机和圆锥破碎机生产出来的石料粒形稍有差异，反击式破碎机成品粒形比圆锥破碎机粒形要好，针片状含量低，粉料多，尤其是软岩破碎。

综上所述，本方案要求一级破碎至 50 mm 以下，粒形好且可调整出料粒度，适合采用反击式破碎机。

反击式破碎机如图 4.2-1 所示。

反击式破碎机的主要参数为：

(1)处理能力：≥500 t/h；

(2)给料方式：分级筛前溜槽；

(3)破碎方式：反击式；

(4)入料粒度：≤300 mm；

(5)出料粒度：0~50 mm；

(6)供电电压：660 V；

(7)破碎物料：矸石；

图 4.2-1 反击式破碎机

（8）电机外壳的防护等级：不低于 IP55；

（9）反击板间隙调整方式：液压系统。

4.2.3　投放井位置选择

结合工业场地总平面布置和现场考察，并对照井下巷道布置图，初步确定了两个场地可供布置矸石破碎系统和投放井，分别论述如下。

1. 矸石仓东侧场地

在矸石仓东侧场地上布置矸石破碎系统和投放井，运输距离最短。

该方案的优点是对原生产系统影响较小，工艺布置简洁，地面转载少，运输距离短，投资较省。投放井位置距离充填工作面较近，井下新掘矸石运输大巷长度较短，有利于简化井下矸石运输系统。缺点是场地空间较小，限制较多。

2. 工业场地东北角场地

场地位于工业场地东北角，该方案优点是场地大，限制少，对厂区厂貌以及原生产系统影响较小。该方案缺点是投放井距离井下充填工作面距离较长，井下新掘巷道工程量较大；另外，矸石破碎系统和投放井位置远离场地中心位置，转载较多，系统较为复杂，投资较高。此外，增加的栈桥距离现有建筑物和设施较近，需采取一定措施以满足建筑物安全防火规范要求。

综上所述，在暂不考虑矸石综合利用系统设计的前提下，矸石地面运输与破碎系统应以简单、可靠和高效为原则，暂推荐矸石仓东侧场地方案，如图 4.2-2 所示。

图 4.2-2　矸石地面破碎系统现场布置图

4.2.4　入料口卸压与防尘结构原理设计

投放入料口有侧部收纳和垂直收纳两种形式，均在多个矿利用，如图 4.2-3 所示。根据以往使用经验，垂直收纳方式虽然结构简单，但是对卸压与防尘效果不佳，而侧部投放与垂直投放的效率相当，且可以匹配卸压和降尘装置。故本次设计采用侧部收纳投放入料口的方式。

（a）侧部收纳式（可卸压）入料口实拍图　　　　（b）垂直收纳式（不可卸压）入料口实拍

图4.2-3　入料口两种收纳方式

（1）卸压

入料口采用垂直引导的方式进行卸压，如图4.2-4所示。卸压口外部初始风压 P_0 与入料口外部的初始风压 P_2 均为外部环境标准气压（一个大气压，即0.1 MPa），且入料口内部风压 P_1 大于标准气压。卸压段的风阻 R_1 远低于入料口的风阻 R_2，即满足 $P_1 > P_0 = P_2$ 且 $R_1 < R_2$，则逆行污风主要通过卸压出口排风，有利于入料口卸料效率和粉尘的扬尘抑制。

（2）防尘

采用垂直引导卸压的方式，首先抑制了入料处浮尘的形成。在采用通风卸压降尘的基础上，在卸压口和入料口分别加装喷雾装置进行湿式排尘，其原理如图4.2-4所示。

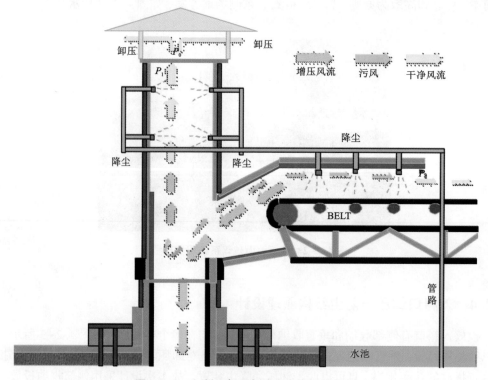

图4.2-4　入料口卸压与防尘结构原理设计

4.3　工程技术方案

4.3.1　工作制度及系统能力

矸石地面运输和破碎系统与选煤厂之间有 2 号矸石仓缓冲，可平衡两者工作制度的不同，从 2 号矸石仓下带式给料机开始至投放井之间无须再增加大的缓冲设施。因此，矸石地面运输和破碎系统的工作制度应与井下矸石运输和充填制度一致，即每年工作 330 d，每天工作 16 h；同时，地面运输和破碎系统的生产能力需和井下矸石运输及充填能力一致，井下充填系统目前是按 1.0 Mt/a 进行设计的，但项目后期充填能力可达到 2.0 Mt/a，由于 2 号矸石仓仓下进行改造，且为了兼顾后期充填能力，最终确定地面运输与破碎系统小时设计能力 Q = 700 t/h。

4.3.2　起止范围

矸石地面运输与破碎系统是从葫芦素煤矿选煤厂 2 号矸石仓下开始直至筛分破碎站和投放站为止的全部单体工程，包括带式输送机栈桥、筛分破碎站、投放站、配电控制系统、矸石仓下改造部分以及大块煤破碎车间改造部分等。

4.3.3　工艺路线

根据确定的关键技术方案和破碎工艺，设计了矸石地面运输和破碎系统的工艺路线，详见图 4.3-1。

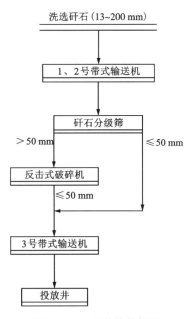

图 4.3-1　工艺路线框图

4.3.4 主要设备选型

根据确定的工艺技术方案,依据系统小时设计能力 $Q=700$ t/h 对矸石地面运输和破碎系统各环节进行了设备选型。

主要设备选型见表 4.3-1。

表 4.3-1 主要设备选型

序号	设备名称	技术特征	台数	备注
1	矸石仓下带式给料机	甲带式给料机,$Q=700$ t/h,$L=3$ m	4	仓下改造
2	矸石仓至破碎站 1 号、2 号带式输送机	$Q=700$ t/h,$B=1000$ mm,$V=2.0$ m/s, $\alpha=13°$,$L=55$ m	2	
3	除铁器	带式电磁除铁器,超强自冷式,$B=1000$ mm, 磁感应强度 1500 Gs	2	
4	分级筛	圆振筛,$Q=700$ t/h,筛面尺寸:3.6 m×6.1 m, 筛孔尺寸:$\phi50$ mm	1	
5	反击式破碎机	$Q=600$ t/h,入料粒度>200 mm,排料粒度≤50 mm	1	
6	破碎站至投放站 3 号带式输送机	$Q=700$ t/h,$B=1000$ mm,$V=2.0$ m/s, $\alpha=3.4°$,$L=46$ m	1	
7	电子皮带秤	$B=1000$ mm,$\alpha=0°$,$Q=700$ t/h,精度 0.25%, 双传感器,计量托辊 4 组,双杠杆	1	
8	新增的原煤破碎机	齿辊式破碎机,$Q=500$ t/h,入料粒度>300 mm, 排料粒度≤150 mm	1	大块破碎车间 内改造
9	改造的 206 带式输送机	$Q=600$ t/h,$B=1000$ mm	1	能力扩大
10	除尘系统	烧结板除尘系统,包括烧结板除尘器、离心通风机、 螺旋输送机和风管	2	

4.3.5 布置方案说明

1. 总平面布置方案

前述在关键技术方案选择分析中,确定了矸石地面破碎系统和投放井布置位置。在确定了工艺路线和设备选型后,结合工业场地总平面布置和现场考察,经多方案比选后确定了总平面布置方案,总平面布置见图 4.3-2。

地面矸石流走向如下:洗选矸石通过 1 号、2 号带式输送机直接运至筛分破碎站,破碎后的合格物料再经 3 号带式输送机运至投放站送入投放井。系统主要新增单体工程有筛分破碎站、投放站以及带式输送机栈桥等,从矸石仓下至筛分破碎站运输环节为双系统设计,每套系统小时设计能力 $Q=700$ t/h,筛分破碎站以及上投放站运输环节设计为单系统。

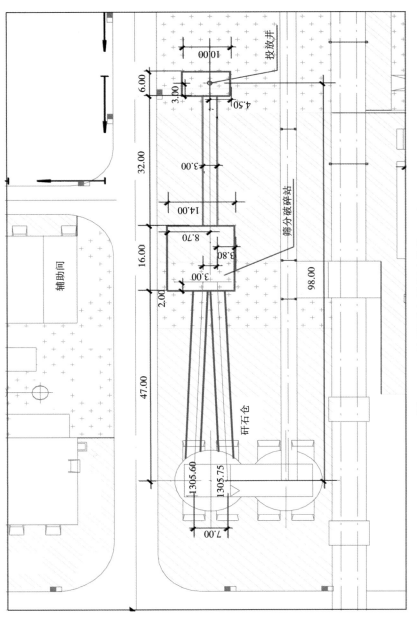

图 4.3-2　总平面布置图（单位：m）

2. 单体和车间布置

（1）车间改造

矸石仓下改造：将 2 号矸石仓下 4 扇扇形闸门拆除，重新安装 4 台带式给料机，两两呈相对布置，仓下通过两条带式输送机接出。

大块煤破碎车间改造：在车间标高 3.30 m 平面新增一台齿辊式破碎机，将原 203 分级筛筛前溜槽进行改造，原煤分料部分进入新增的原煤破碎机，新增的原煤破碎机与 205 破碎机可同时使用，后期可考虑取消 205 破碎机。此外，将原 206 带式输送机带宽改为 1000 mm 以满足生产能力的要求。

（2）筛分破碎站

筛分破碎站采用钢筋混凝土结构布置形式，外形尺寸为 16 m×14 m×17.5 m。

具体布置如下：洗选矸石经 1 号、2 号带式输送机直接送入 1 台 3661 的分级筛进行 50 mm 筛分，筛上粒度>50 mm 矸石进入 1 台反击式破碎机破碎至粒度≤50 mm 后与分级筛筛下的矸石一起通过 3 号带式输送机直接运至投放站。

除尘系统布置于筛分破碎站一层，包括烧结板除尘器、离心通风机、螺旋输送机和风管等。配电室位于筛分破碎站三层，配电室外形尺寸为 16 m×8.4 m×5.5 m。

（3）投放站

投放站采用钢结构布置形式，外形尺寸为 12 m×6 m×9 m。

具体布置如下：成品矸石通过 3 号带式输送机从侧面送入投放井，除尘系统布置于投放站一层，包括烧结板除尘器、离心通风机、螺旋输送机和风管等。投放井正上方设计留有空间以预防处理堵管事故。

（4）带式输送机栈桥

各带式输送机栈桥采用钢桁架结构。

矸石仓至筛分破碎站及投放站带式输送机栈桥剖面图、俯视图见图 4.3-3。

3. 主要土建工程

主要土建工程见表 4.3-2。

表 4.3-2 主要土建工程

序号	名称	规格	数量	备注
1	1 号、2 号带式输送机栈桥	长×宽×高 = 39.5 m×3.0 m×2.2 m 平均高度 10.5 m	2	
2	筛分破碎站	长×宽×高 = 16 m×14 m×17.5 m	1	钢筋混凝土
3	3 号带式输送机栈桥	长×宽×高 = 32 m×3.0 m×2.2 m 平均高度 4.5 m	1	
4	投放站	长×宽×高 = 12 m×6 m×9 m，钢结构	1	钢结构
5	矸石仓下改造		1	
6	大块煤破碎车间改造		1	
7	受矸棚	地面：长×宽×高 = 17.5 m×4.6 m×6 m 地下：长×宽×高 = 10 m×3.5 m×1.5 m	1	后期预留

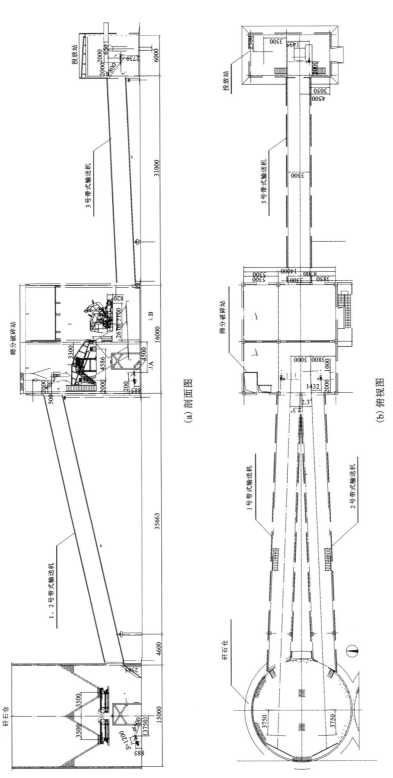

(a) 剖面图

(b) 俯视图

图4.3-3　矸石仓至筛分破碎站及投放站带式输送机栈桥剖面图、俯视图

第 5 章

超大垂深高能力垂直投放技术

5.1 投放系统整体技术框架与原理

超大垂深垂直投放系统整体技术原理为:将地面固废输送至破碎站进行预破碎,达到粒径要求指标后经地面控制厂房的地面入料口投放入投放井口,通过投放管进入井下储料仓。储料仓固废通过井下巷道带式输送机运输至工作面运矸巷,最终进入长壁固废排放开采工作面进行处置。大垂深矸石投放系统原理图如图 5.1-1 所示。

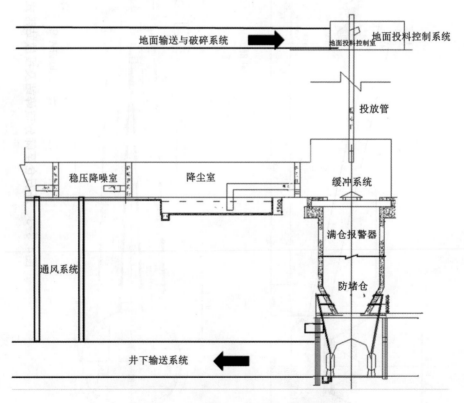

图 5.1-1 超大垂深矸石投放系统原理图

地面与井下的输送过程,以及投放过程由地面投料控制系统监控,全过程由计算机远程数控操作,可实现任何一个末端工作环节(尤其是储料仓)发生故障后全线停机,以防止事故发生,且卸压、稳压、硐室通风、防堵仓等子系统也由地面投放主控制室统一监控,如图 5.1-2 所示。

图 5.1-2 地面投放主控制室内及地面系统外景

超大垂深垂直投放系统内含核心技术设计、控制系统设计和监测系统设计,其整体技术框架如图 5.1-3 所示。

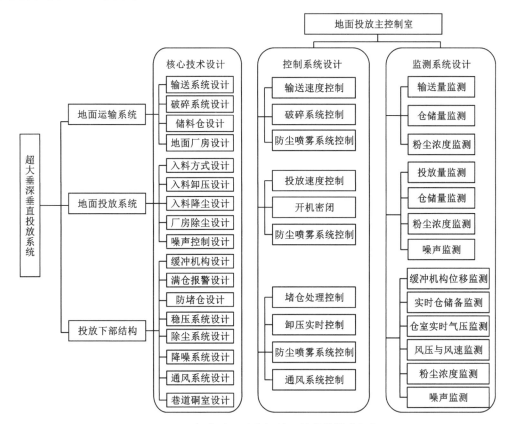

图 5.1-3 超大垂深垂直投放系统整体技术框架

5.2　垂直投放关键技术参数理论计算分析

5.2.1　气固二相流理论分析

充填物料投放过程实际上是不同粒度的固体颗粒下落的过程,属于气固二相流研究范畴。由于投放井垂深较大,充填物料在投放井中逐步加速,相应的空气阻力不断增大,最终达到一个动态平衡状态,这个过程称为二相流松弛过程。这些固体颗粒的流动特性类似于普通流体,称之为伪流体。

充填物料进入动态平衡阶段(松弛阶段),宏观来看即进入暂时恒定流动阶段,此时充填物料和空气流动达到相对平衡状态。

充填物料在输送管道内流动,是一种复杂的气固二相流动。充填物料在垂直管道内运动会受到重力、空气浮力、气动阻力、附加质量力等作用。根据相关研究,可以忽略空气浮力、附加质量力等因素,仅考虑重力和气动阻力两个因素。

1.重力

由于是在重力场中研究气固二相流,重力始终存在,重力为

$$W = \rho_p V_p g \tag{5-1}$$

式中:ρ_p 为固体充填物料的密度,下料时矸石为颗粒状,取 1600 kg/m^3；V_p 为充填物料颗粒体积,mm^3；g 为重力加速度,9.8 m/s^2。

2.气动阻力

只要固体颗粒与气体有相对运动,便有气动阻力作用在颗粒上。为便于计算,假定充填颗粒是近似球形的,流动又是定常的,则空气阻力为

$$F_D = \frac{\pi d_p^2 \rho_g}{4} C_D \frac{(v_g - v_p)^2}{2} \tag{5-2}$$

式中:v_g 为投放井中气流速度,2 m/s；v_p 为充填物料速度,m/s；C_D 为相间阻力系数,取 0.35；d_p 为充填物料粒径,mm；ρ_g 为投放井内空气密度,1.1691 kg/m^3。

3.固体物料运动微分方程

通过上述分析,充填物料在管道内运动时,仅考虑重力和气动阻力,根据牛顿第二运动定律可得

$$W - F_D = Ma \tag{5-3}$$

即:

$$\frac{\pi}{6} d_p^3 \rho_p g - \frac{\pi}{8} C_D d_p^2 \rho_g (v_g - v_p)^2 = \frac{\pi}{6} d_p^3 \rho_p a \tag{5-4}$$

由上式可以看出,充填物料在投放井中进行加速度逐渐变小的变加速度运动,最终加速度为 0,充填物料匀速运动。令上式 $a = 0$,可得充填物料的终速 v_m 为

$$v_m = \sqrt{\frac{4 \rho_g d_p g}{3 \rho_g C_D}} + v_g \tag{5-5}$$

5.2.2　投放井内矸石运动规律

根据本项目充填工艺需要，分别研究了粒径 5 mm、10 mm、15 mm、20 mm、25 mm、30 mm、40 mm、50 mm 八种矸石的运动规律，计算结果如图 5.2-1、图 5.2-2 所示。

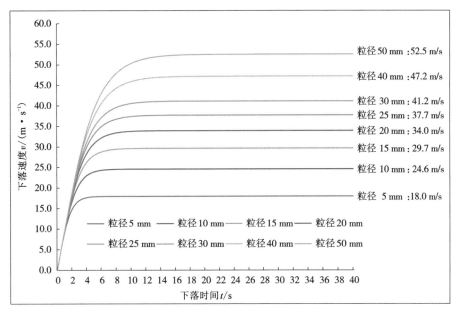

图 5.2-1　物料下落时间与速度关系图

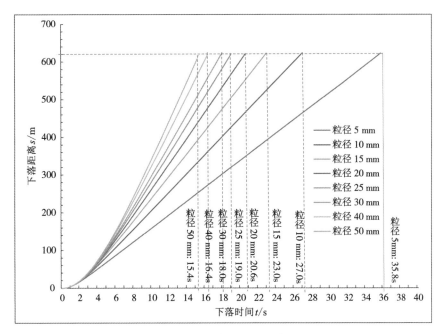

图 5.2-2　物料下落时间与距离关系图

由计算结果图可以看出：

（1）矸石在投放井中的运动初期，做加速度逐渐变小的加速运动，且加速度在 2~10 s 后减小为 0，此时矸石物料开始做匀速运动；这反映了矸石在气固两相流运动初期，空气阻力较小，加速度较大，而到达一定速度后，空气阻力和自身重力相平衡，最终实现匀速运动。

（2）各粒径矸石在下落 2 s 以内，其加速度数值基本一致，因而各粒径矸石速度也基本一致。2 s 以后它们的加速度出现了明显的差异，粒径越小，其加速度越快到达 0，也就越快成为匀速运动；粒径越大，其加速过程越长，终速也就也快。这反映了空气阻力对小粒径矸石的影响显著大于大粒径的矸石。

（3）矸石的粒径越大，其加速时间持续越长，终速也就越大，但两者并不是简单的线性关系，例如粒径 5 mm 的矸石终速为 18.0 m/s，粒径 10 mm 的矸石终速为 24.6 m/s，粒径 15 mm 的终速为 29.7 m/s，粒径 25 mm 的终速为 37.7 m/s。可见，随着矸石粒径的变大，终速变大的幅度逐渐减小。

（4）矸石在投放井中的下落时间与矸石粒径成负相关性，即矸石粒径越大，在投放井中的总下落时间越短。例如，粒径 10 mm 的矸石在投放井下落时间为 27.0 s；粒径 15 mm 的矸石在投放井中下落时间为 23.0 s；粒径 25 mm 的矸石下落时间仅为 19.0 s。

矸石粒径从 5 mm 至 50 mm 变化时，垂直投放运动时间为 35.8 s 至 15.4 s。

5.3 垂直投放井设计

5.3.1 功能结构形式

垂直矸石投放井属于垂直钻井工程，我国关于垂直钻井的研究起源于二十世纪五十年代，经过七十余年的发展我国已经形成了一整套成熟的钻井技术和装备。区别于油气开采和地质勘探的垂直钻井工程，矸石充填采煤中垂直矸石投放井孔径大、套管重量大、固井难度大。二十一世纪初，随着固体充填采煤的推广，我国翟镇煤矿、东坪煤矿、塘口煤矿、平煤十二矿等十余个煤矿先后开掘了垂直矸石投放井用于矸石垂直运输。

在投放井的功能形式选择上，有两种方案供选择。

方案一：投放井内层管采用双层套管

投放井采用双层套管结构，在内层投放管磨损严重或者严重堵管时，利用起重设备起吊内层管，并重新架设新的内层管，或者利用外层管。

外层管采用水泥浆固井，内层管采用"上提下撑"方式，两层管之间设置非标橡胶垫，减少冲击震动。云南会泽铅锌矿应用此种投放井结构，外层管为 ϕ194 mm 钢管，内层管为 ϕ150 mm 耐磨管，井深 485 m。实验时膏体配比为全尾砂：水淬渣：水泥 =7：1：1，膏体浓度为 77.78%，充填流量控制在 56~60 m³/h。

在小直径管道局部磨穿后，应及时更换小直径管道，从而避免钻孔因磨损报废。但在充填过程中，小直径管道将产生一定的震动，长时间的震动使管道过度疲劳而破坏，这是小直径管道最大的威胁。该结构施工成本也较大，初步估计该结构钻孔施工造价为

20000~40000 元/m。

方案二：加大投放井投放管的厚度并采用双层耐磨钢管

该方法投放管在基岩段以下为单层管，采用双层耐磨钢管，加大内层的高耐磨合金厚度以有效延长钻孔使用寿命，且施工难度低，成本较低，该结构钻孔施工造价约 10000 元/m。该种结构在膏体充填中有大量应用实例，例如山东淄矿集团的岱庄煤矿、葛亭煤矿、许厂煤矿、中金岭南凡口铅锌矿等。

经计算，该种结构可满足葫芦素矿井矸石投放使用周期需要，且造价低，故推荐使用方案二，如图 5.3-1 所示。

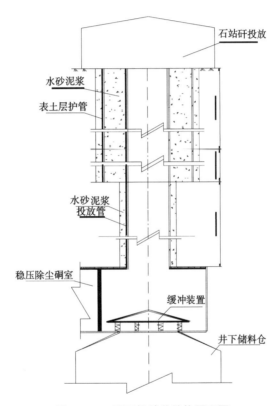

图 5.3-1　矸石投放井结构原理图

5.3.2　投放管功能选型

投放井由投放管、外层护壁套管、孔口管组成，其中投放管最为关键。

1.投放管直径估算

投放管直径取决于两个因素：①物料最大颗粒的直径；②单位时间内所需的物料输送量。投放管直径太小直接影响充填料的输送且容易堵管、加剧磨损，过大则增加费用及影响井底接料。

（1）单位时间内的物料投送量

投放井单位时间内的物料投送量应能满足将地面输料系统单位时间输送的物料全部投入井下储料仓，地面输料系统单位时间输送的物料量为 700 t/h。

（2）投放管直径计算中物料下落速度

物料下落速度大小影响投放井直径选择，下落速度越大，投放管直径越小。对比已有工程实例，在进行投放管直径计算时应采用物料平均下落速度。破碎系统粒度特性曲线如图 5.3-2 所示。由破碎系统粒度特性曲线可看出，充填矸石最大容许粒径为 50 mm 时，平均粒径为 10 mm，故投放管管径计算时以 10 mm 粒径的下落速度作为物料平均下落速度。

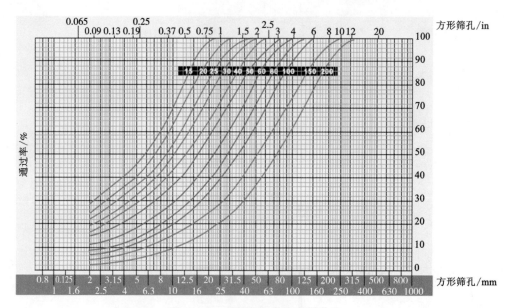

图 5.3-2　破碎系统粒度特性曲线

综上在计算投放管直径时，物料下落平均速度按 24.61 m/s 计。

（3）投放管直径估算

充填料在投放管中速度分别选出最大速度和最小速度，通过式（5-6）计算，并取两者计算的直径最大值为投放管直径参考值，投放管直径按下式估算：

$$d_1 = 1.2 \times 1.5 \times 3 \times \sqrt{\frac{4T_a \times 10^3}{\pi \cdot v_{max} \cdot 3600 \cdot \rho_p}} \tag{5-6}$$

式中：T_a 为单位时间内所需的物料投送量，700 t/h；v_{max} 为充填料在投放管中平均下落速度，24.61 m/s；ρ_p 为固体充填料的密度，取 1600 kg/m³；1.5 为来料不均衡系数；1.2 为投放管防堵安全系数；3 表示投放管内径为通过管道最大物料粒径的 3 倍。

按充填料在投放管中最大平均下落速度 24.61 m/s 计算，投放管直径应为 $d_1 = 0.4$ m，故该投放井的投放管内径须大于 0.4 m。基于外层金属套管厚度和钻井钻头标准尺寸，暂定内径为 470 mm。

2. 投放管材质的选择

管路材质是影响磨损程度的关键因素之一。投放管材质有几种选择：一是普通无缝钢管；二是耐磨无缝钢管；三是双层耐磨金属复合钢管；四是陶瓷双层耐磨复合钢管。

根据国内外矿山充填实践经验，普通无缝钢管、耐磨无缝钢管（单层）具有初期投资较低的特点，但是，耐磨性能较差，使用寿命短，有的只有数月就磨透报废，总的性价比不理想。例如 1993 年英美联合公司统计南非相关充填开采矿井的管道使用寿命，资料显示采用静压输送法，投放管采用普通无缝钢管（非耐磨管）时，在流量 330 m³/h 时，直径 150 mm 管道每磨损 1 mm 的充填量仅为 90000 m³，故普通无缝钢管使用寿命在 1~2 年。

陶瓷双层耐磨复合钢管，外层为无缝钢管，内层为陶瓷耐磨材料，耐磨性能好，耐磨性能是同规格优质无缝钢管的 5 倍以上，但陶瓷双层耐磨无缝钢管内层脆性大，运输安装与使用要求高，且在冲击载荷较大时容易离层，其主要用于使用期限较短的矿井建井期间地面输料孔的内衬管，例如大柳塔煤矿、榆家梁煤矿、布尔台煤矿、哈拉沟煤矿均有使用经验。

双层耐磨金属复合钢管外层为无缝钢管，内层为高耐磨金属材料，耐磨性能优良。该种管路已在国内金属矿、煤矿中大量使用，故投放管选择双层耐磨金属复合钢管，内层为高耐磨合金（KMTBCr28）材料。双层耐磨金属复合钢管如图 5.3-3 所示。

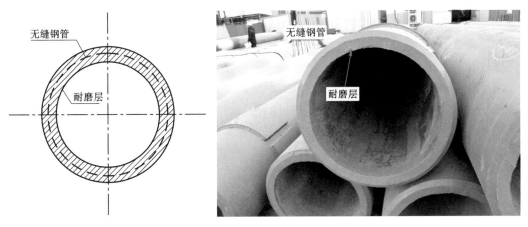

图 5.3-3　双层耐磨金属复合钢管

3. 投放管壁厚及使用寿命

双层耐磨金属复合钢管由外层普通无缝钢管和内层耐磨材料构成。

（1）投放管耐磨层壁厚

投放管内层耐磨层厚度直接决定投放管使用寿命。影响投放管磨损程度因素众多，并且许多因素是无法定量分析的，要做到精准预测比较困难，目前尚无明确的计算方法。可以结合实际情况预测其磨损程度，故在对国内外的已有类似工程实际使用情况进行调查的基础上进行预测。

皖北煤电集团五沟矿采用干式下料，投放管采用双层金属耐磨复合钢管。实验测得该种投放管摩擦系数平均为 0.13~0.17，垂直投放管的体积磨损量为 $2.7029 \times 10^{-4} \text{mm}^3/$（N·mm）。根据初步设计，葫芦素矿井一煤组 2-1 煤、2-2 中煤服务年限为 25.6 年，由于矿井已经于 2016 年开始生产，且井田二盘区断层较多，工作面多数达不到初步设计推进长度，预计 2-1 煤和 2-2 中煤剩余服务年限为 20 年左右。

2019 年 1 月西安建筑科技大学冶金应用技术研究所对葫芦素煤矿投放井投放管供货单位生产的 Cr28 高铬耐磨铸铁在矸石输送管道工况条件下进行磨损实验，实验结果显示，当耐磨管管壁厚度 35 mm、每平方米质量 275 kg 时，工况条件下耐磨管每年磨损损失的质量为 13.46 kg/m²，20 年磨损质量为 269.2 kg/m²，占比总材料的 97.89%。

故双层金属耐磨复合钢管内层选择高耐磨合金（KMTBCr28）材料，总厚度取 35 mm 时，从管路磨损角度，投放管计算寿命为 20 年。

（2）投放管外层壁厚

根据选择的双层金属耐磨复合钢管方案，计算安全承压需要的管道壁厚指的是计算双层金属耐磨复合钢管外层无缝钢管的壁厚，耐压计算时不计内层耐磨金属管的作用。

①外壁拉应力校核

双层金属耐磨复合钢管的外层无缝钢管的壁厚要能承受整条钢管的拉应力。外层无缝钢管壁厚 25 mm 时，抗拉截面积为 0.0459 m²，可变载荷系数取 1.4，投放井深度 600.8 m，管重 989.1 kg/m，计算拉应力为 126.8 N/mm²；根据《钢结构设计规范》，双层金属耐磨复合钢管外层无缝钢管材料选择 Q345 钢，该种钢设计许用抗拉强度为 295 N/mm²，故外层厚度 25 mm 时，可以承受整条投放管的拉应力。

②外壁稳定性校核

对于外压薄壁容器，因其主要失效形式不是强度破坏而是容器丧失稳定性（此时薄壁应力往往远低于材料的屈服极限），所以外压容器设计时，通常是采用保证其临界压力 P_{cr} 高于设计压力 P 的方法，来保证容器在操作时的稳定性。

目前，世界各国（如美国、英国、日本、德国、中国）的设计规范中，大体上都是以米赛斯（R.V.Misses）公式为基础导出的，包括采用解析法直接用米赛斯公式进行设计；采用图算法通过查算图来进行设计。但无论是采用哪一种方法都需要面对一个问题：设计的目的是确定壁厚，确定壁厚需要知道临界压力 P_{cr}，而计算 P_{cr} 又需要已知壁厚，这使设计成了一个嵌套。目前解决的唯一办法是试算法。因为需要反复试算，所以大大降低了设计效率。现在通过对米赛斯公式的分析，建立了数学模型，采用一维搜索最优化方法中的切线法，用计算机一次性计算出最合适的结果，从而克服了手工反复试算的缺点，既保证了计算精度，又提高了设计效率。

a.米赛斯公式

米赛斯公式如下。

$$P_{cr} = \frac{ES_0}{R(n^2-1)\left[1+\left(\frac{nL}{\pi R}\right)^2\right]^2} + \frac{E}{12(1-\mu^2)}\left(\frac{S_0}{R}\right)^3\left[(n^2-1)+\frac{2n^2-1-\mu}{1+\left(\frac{nL}{\pi R}\right)^2}\right] \quad (5-7)$$

式中：P_{cr} 为临界外压力，MPa；S_0 为圆筒有效厚度，25 mm；R 为圆筒中性面半径，292.5 mm；E 为材料的弹性模量，196～206 MPa；L 为圆筒的计算长度，608000 mm；μ 为泊松比，0.3；n 为圆筒失稳波形数，n 根据麦克公式计算。

麦克公式：$n^2 = 7.5 \dfrac{D}{2L}\sqrt{\dfrac{D}{2S_0}}$，$D$ 为圆筒直径，mm。波形数圆整值选择见表 5.3-1。

表 5.3-1　波形数圆整值选择

n	计算值	n	计算值	n	计算值
2	1.88～2.325	8	7.581～8.635	14	14.07～13.10
3	2.325～3.415	9	8.635～9.740	15	13.10～16.18
4	3.415～4.480	10	9.740～10.63	16	16.18～17.27
5	4.480～3.550	11	10.63～11.84	17	17.27～18.50
6	3.550～6.554	12	11.84～13.19	18	18.50～19.23
7	6.554～7.581	13	13.19～14.07	19	19.23～20.51

b. 米赛斯公式的适用条件

米赛斯公式是按理想线性小挠度理论推导出的，其基于以下假设：

i. 圆筒壳没有初挠度，材料是均匀、各向同性的；

ii. 圆筒半径 R 与壁厚 S_0 之比 R/S_0 很大，变形与应力遵循虎克定律；

iii. 位移与壁厚之比是小量（即小挠度假设）。

适用条件：

i. 圆筒器壁中所产生的应力低于在操作温度下的屈服极限，即 $\sigma_{cr} \leqslant \sigma_s$。

ii. 椭圆度 $e<0.5\%$。在设计过程中，应考虑一定的安全系数，设计压力 P 应小于或等于许用压力 $[P]$，即：

$$mP \leqslant [P] < P_{cr} \tag{5-8}$$

式中：m 为稳定系数。

根据前面分析，外压薄壁圆筒壁厚的设计关键在于确定 P_{cr}，使其大于设计压力 P。考虑经济问题，应使 P_{cr}/mP 尽量小，所以衡量指标为 P_{cr}/mP，于是确定目标函数为 $f(X) = P_{cr}/mP$。经计算取壁厚 $z=25$ mm 时满足稳定性要求。

（3）投放管型号的确定

投放井内的投放管采用双层金属耐磨复合钢管 $\phi580$ mm×（20+35）mm，内径 $\phi470$ mm，外层无缝钢管材料选择 Q345 钢，厚度 20 mm，内层选择高耐磨合金（KMTBCr28）材料，厚度为 35 mm，每米管重约 711.72 kg，设计寿命不小于 20 年。

4. 国内类似投放井工程投放管参数

目前，国内类似综合机械化固体充填项目中，投放管均采用的是双层金属复合耐磨管，这里列举了国内（部分）类似投放井工程投放管参数，见表 5.3-2。

表 5.3-2　国内类似投放井工程投放管参数

使用煤矿	投放管规格	投放管长度	物料最大投放粒径	物料通过量	备注
郭二庄煤矿	内径 495 mm	330 m	100 mm	400 t/h	
邢台矿	内径 486 mm 外径 530 mm	350 m	80 mm	450 t/h	
唐山矿	内径 486 mm 外径 586 mm	615 m	50 mm	550 t/h	
邢东矿	内径 486 mm 外径 586 mm	771.2 m	100 mm	450 t/h	
杨庄矿	内径 486 mm 外径 580 mm	362 m	50 mm	400 t/h	
皖北五沟矿	内径 486 mm 外径 578 mm	319 m	50 mm	450 t/h	
内蒙古泰源矿	内径 500 mm 外径 626 mm	393 m	50 mm	450 t/h	
新汶翟镇矿		612 m			
亭南煤矿	680 mm				
阳泉东坪矿		110 m			
巴彦高勒矿	内径 604 mm 外径 680 mm	590 mm	100 mm	1200 t/h	

5. 投放井结构设计

投放井结构剖面图见图 5.3-4。

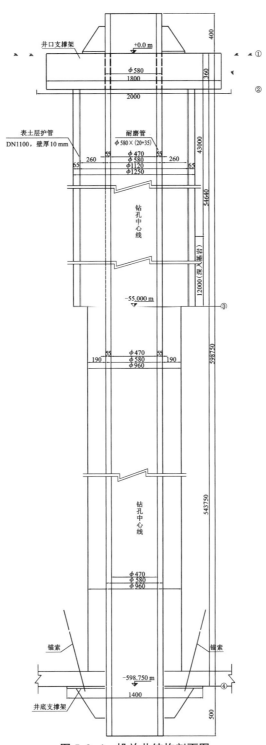

图 5.3-4　投放井结构剖面图

5.3.3 投放井施工技术

1. 工艺流程

葫芦素煤矿超大垂深垂直矸石投放井采用正向钻进方法，其完整的钻进工艺主要包括矸石投放井地面位置确定、投放井周围场地硬化、架设钻井井塔、螺杆钻孔定向、表土层钻孔套管护壁（包括注浆）、三级扩孔、测斜、纠斜、成孔。投放井钻进工艺流程如图5.3-5所示。

2. 投放井钻进成孔工艺

在确定好矸石投放井地面位置后，首先在表土段钻进直径为1250 mm的钻孔，然后将直径1067 mm、壁厚17 mm的护壁套管下放到表土段并深入基岩段10 m。基岩段采用"螺杆定向，分级扩孔"的方法，首先使用直径为216 mm螺杆定向，一次性钻进到设计标高后，再使用直径为445 mm、650 mm和960 mm钻具进行分级扩孔，直至最终成孔。

3. 测斜与纠斜

在矸石投放井的钻进过程中实行"少钻勤测"，每钻进20~40 m测斜一次，对于钻孔偏值较大的层段实行加密测量，葫芦素煤矿垂直矸石投放井共进行35次测斜，定向深度分别位于85 m、136 m、190 m、235 m、275 m、325 m、336 m、390 m、505 m、525 m。在矸石投放井的钻进过程中由于基岩段岩层情况复杂，砂岩泥岩交替频繁，造成钻孔容易偏斜，采用扫孔纠偏法和螺杆定向纠偏法对矸石投放井进行纠斜。

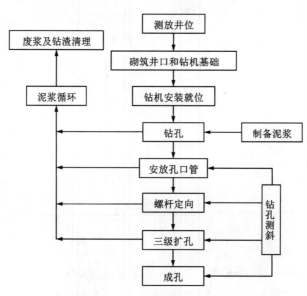

图5.3-5 投放井钻进工艺流程

4. 垂直矸石投放井固井工艺

（1）垂直矸石投放井固井工艺流程

垂直矸石投放井固井是指向投放井中下放双金属复合耐磨管，并向耐磨管与投放井井壁之间注入水泥浆，固井质量直接决定了矸石投放井垂直投放系统的成功与否。根据固井工艺，其作业流程主要包括双金属复合耐磨管水平、竖直对接，双金属复合耐磨管竖直下放和注水泥浆。

（2）双金属复合耐磨管对接方法

葫芦素煤矿垂直矸石投放井的深度达 600.8 m，而双金属复合耐磨管作为矸石的输送通道，受其制造工艺的限制，单节双金属复合耐磨管的长度为 7 m 左右，因此为了提高双金属复合耐磨管安装效率，在地面将单节双金属复合耐磨管两两焊接一起，可以使投放管安装效率提高一倍。

双金属复合耐磨管之间采用 Y 形坡口焊接，其焊缝强度设计值（抗压、抗拉、抗剪强度）不小于钢管本身强度的设计值，所有焊缝质量验收应满足国家相关验收规范，每个坡口焊缝外侧采用三块加强筋板加强，加强筋板采用四面围焊，角焊缝焊脚尺寸为 18 mm，焊条采用 E50 型。耐磨管焊接接口处的加强筋板内弧面直径为 $\phi580$ mm，板厚 20 mm。

双金属复合耐磨管在地面及井口连接的焊缝采用全数字式超声波探伤仪进行快速便捷、无损伤、精确的检测，并记录焊缝质量数据。

（3）双金属复合耐磨管下放方法

由于双金属复合耐磨管整体质量超出钻机自身塔身承载极限，因此需利用大型起重设备进行投放管下放安装。具体步骤如下：

①顺孔工作。基岩段直径 960 mm 扩孔结束后，冲孔约 12 h 以充分上返沉渣。冲孔结束后，采用经过加工的外径为 740 mm、长约 20 m 的通孔器进行通孔工作，上下通畅后起钻下管。

②井口平整工作。在井口架设水平工字钢架，钢架上平铺 50 mm 厚钢板，承载能力不低于 500 t，钢板规格 2500 mm×2500 mm，居中留直径为 750 mm 的圆孔。

③下套管。在投放管顶部用套管箍卡住，吊带挂于套管箍两端并采取防滑脱措施，由起重车吊起投放管放入投放井。

④垂直焊接。起吊下一根投放管至投放井井口上方，与投放井井口处投放管竖直对接，用专用套管扶正箍、水平尺来导正套管。经全站仪检测对接的套管垂直对齐后开始围焊套管对接口，焊接完毕后于焊缝周围围焊 3 块加强筋。

⑤将焊接好的投放管缓慢下放投放井，重复上述过程直至套管下放完毕。

固井质量直接决定投放井使用期间是否发生漏水、渗水及使用年限。葫芦素煤矿采用外插法即用外插管注水泥浆的方法固井，在双金属复合耐磨管下放的过程中在耐磨管外壁焊接注浆管，待所有耐磨管下放完成后将注浆设备与注浆管连接，将水泥浆注入套管外部环形空间至溢出地面为止。

5. 投放管安放

投放管选择双金属耐磨复合管 $\phi580$ mm×（20+35）mm，长度约 600.8 m，质量约 461.5 t，超过钻塔的承载能力，确定使用浮板下管法。具体方法是在距离井管底部 0.5 m 的位置安放浮板，浮板选用厚度为 30 mm 的钢板与井管焊接而成，在浮板上安装两个串联的单向阀，单向阀要能承受 30 MPa 以上的压力，在单向阀上端连接一个钻杆反接头。为防止浮板变形损坏，在浮板上浇筑厚 2.0 m C30 混凝土，钻杆反接头应高出混凝土面。

投放管底浮板如图 5.3-6 所示；投放管安放工艺流程如图 5.3-7 所示。

图 5.3-6　投放管底浮板

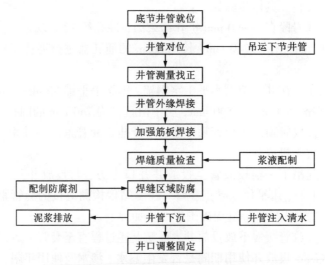

图 5.3-7　投放管安放工艺流程

5.4　系统气动演变特性

5.4.1　底部卸压稳压关键系统设计

1. 双稳压硐室

双稳压硐室的控制原理即采用 2 个稳压硐室，通过梯度卸压形成稳定气压，两稳压硐室内部装置不同。双稳压硐室通过远程操控远程控制阀门来进行卸压，保持卸压速度等于增压速度，将缓冲硐室内的气压稳定在相对较高的水平。稳压硐室、卸压风管和远程控制阀门的布置如图 5.4-1 所示。远程控制阀门配合缓冲硐室和降尘稳压硐室内的风压监测仪使用：投料开始时首先完全关闭，持续至降尘稳压硐室的压力达到一定值后，缓慢打开远程控制阀门，至压力稳定后停止。

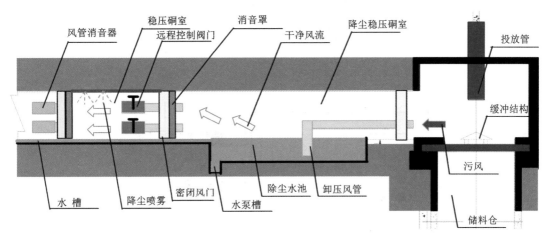

图 5.4-1　双稳压硐室结构原理图

双稳压硐室是在平顶山十二矿工业性实验过程中，由于单稳压硐室效果不佳而改进出来的。其优势具体是：

(1)具有卸压梯度，两间硐室形成的系统风阻范围更大，卸压范围因而更大；

(2)水池喷雾联合防尘，两间硐室分别采用蓄水池和喷雾降尘，降尘效果更佳，且不用考虑降尘稳压硐室环境；

(3)有利于噪声控制，两间硐室形成的双隔层布局本身吸能能力较强，控制噪声性能较好，且两层隔离门可以安设消音罩和风管消音器。

双稳压硐室虽然具有技术优势，但是其工程量大，系统复杂，操作难度大。根据多个实验矿井的经验，如经过计算分析在结果允许的情况下，可使用单稳压硐室。且在葫芦素矿井采用双稳压硐室，需要在卸压硐室外设置较长距离的岩石巷道和匹配的岩石绕道等，大幅度增加岩巷掘进工程，会显著增加实施成本和延长实施时间，并与原巷道系统造成布局矛盾的问题。在其他矿区的应用实例中(如唐山矿 600 m 深投料系统)，单稳压硐室均保障了系统的安全性，目前尚未发生任何安全事故和生产事故。双稳压硐室除了进一步提高安全系数，明显有利于稳压降尘降噪等外，并非必要实施方案。综合安全、经济、生产因素等，最终选择仍采用单稳压硐室设置，但对单稳压硐室的卸压管尺寸、防尘技术、降噪技术进行改进。

2.单稳压硐室

单稳压硐室技术原理如图 5.4-2 所示。为保障缓冲卸压硐室在生产期间可以安全有效地保障投放井下部硐室结构气压稳定，在与其他应用矿井的横向对比下，确定合理的缓冲硐室设计方案。为确保底部结构的可控风阻幅度，卸压风管初步设定方案如下：1#隔离墙至少布置 4 个 $\phi500$ mm 风管，不设置阀门，2#隔离墙至少布置 4 个 $\phi500$ mm 风管，并设置控制阀门。

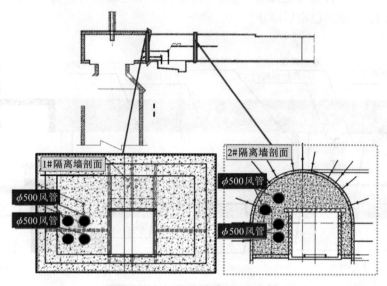

图 5.4-2　单稳压硐室技术原理图

5.4.2　系统气动变化特性理论分析

1. 投放管气动特性分析

（1）投放管内部的气流特征

为确定投放管的系统风阻等关键参数，首先应确定投放管内部的风流流态。由于投放管为圆形断面，则管内的雷诺数计算公式为：

$$Re = \frac{vd}{\nu} \tag{5-9}$$

式中：Re 为雷诺数；d 为投放管直径，mm，v 为管内气流速度，根据 5.2 节计算结果，可选取 $0 \sim 109$ m/s；ν 为空气的运动黏性系数，通常取 1.5×10^{-5} m^2/s。

雷诺数在管内气流速度为 $0 \sim 109$ m/s 范围内的计算结果如图 5.4-3 所示。

根据图 5.4-3 的计算结果，对几个关键节点的运动速度进行选择，即选择 1 m/s，2.5 m/s，18 m/s，52.5 m/s，82.24/s，109 m/s，其雷诺数结果如图 5.4-4 所示。

计算结果表明，即使在入料口投放固废气流压入的初始阶段，Re 数值也远大于 2300 的标准数值。因此，可以判定投放管内的气流完全处于紊流状态，在后续计算风阻、风压等关键数值时，均以紊流状态的基本公式和参数进行分析。

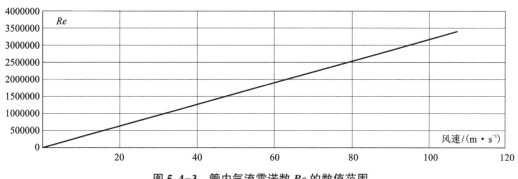

图 5.4-3　管内气流雷诺数 Re 的数值范围

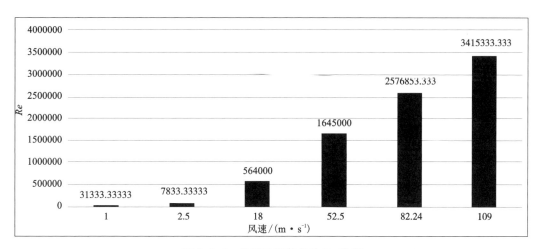

图 5.4-4　关键风速节点的 Re 数值

（2）投放管内部连续性方程

由于投放管内部的气动特性处于紊流状态，即内部各点的风速是不均匀的，则需要分析投放入口、出口的速度，及投放管内平均风速，以判断出口气流的密度变化，进而计算出口风压。投放管内部的气流密度虽然会有变化，但一定时间内的入口空气质量和出口空气质量是相等的（空气流动连续性方程），即：

$$Q_{gr}\rho_{gr} = Q_{gc}\rho_{gc} = M = Q_{avr}\rho_{avr} \qquad (5-10)$$

$$v_{gr}\rho_{gr}S_t = v_{gc}\rho_{gc}S_t = M = v_{avr}\rho_{avr}S_t \qquad (5-11)$$

式中：Q_{gr} 为投放入口风量，m^3/s；Q_{gc} 为投放出口风量，m^3/s；Q_{avr} 为投放管内部平均风量，m^3/s；v_{gr} 为投放入口风速，m/s；v_{gc} 为投放出口风速，m/s；v_{avr} 为投放管内平均风速，m/s；ρ_{gr} 为投放入口气流密度，kg/m^3；ρ_{gc} 为投放出口气流密度，kg/m^3；ρ_{avr} 为投放管内平均气流密度，kg/m^3；S_t 为投放管截面积。

利用空气流动连续性方程，并结合前面对投放管内部运动速率的计算结果，考虑投放过程中不同的投放强度和物料粒径配比的变化会影响物料压入空气的速率，遴选入口风速

1 m/s,2 m/s,2.5 m/s,4 m/s,6 m/s,8 m/s 作为计算基数,出口风速则以 0~20 m/s(物料速度不同于空气速度)作为计算范围。投放出口气流密度计算公式如下式:

$$\rho_{gc} = \frac{v_{gr}\rho_{gr}}{v_{gc}} \qquad (5-12)$$

不同进出口风速条件下的末端气流密度分布曲线如图 5.4-5 所示。由分布曲线可以看出,入口风速和出口风速差异过大时,气流密度与自然空气密度差异也过大,超出了合理范围。根据一般测算结果,红框范围内的气流密度相对合理,也即投放管入口与出口风速的合理对照范围。该合理范围的划定,也说明,出口风速的大小与入口风速是成正对应关系的,即投放强度的大小将直接影响投放管底部气流涌入速度。图 5.4-5 的计算数值结果,可作为后续风压计算的数据范围。

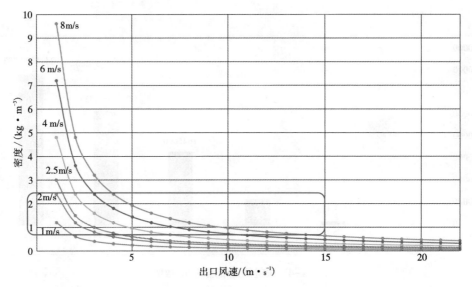

图 5.4-5　不同进出口风速条件下的末端气流密度分布曲线

(3)投放管沿程风阻及能量损失

研究分析投放管的气动特性,先要对投放管的内部风阻进行计算:

$$h_{tf} = \lambda \times \frac{L_t}{d_t} \times \rho_{avr}(\rho_{gr}, \rho_{gc}) \times \frac{v_{avr}^2}{2} \qquad (5-13)$$

式中:λ 为无因次系数(沿程阻力系数);L_t 为投放管长度,m;d_t 为投放管内径,0.47 m。

根据末端气流密度分布曲线图,选取平均风速范围为 2~15 m/s,其对应平均空气密度可从曲线图中选取。投放管沿程阻力系数 λ 的数值较难判断,因为投放管内壁虽然属于光滑层面,但投放过程中管内充满瞬时密度接近饱和密度 1/3 的固体废弃物和水分,因此沿程阻力系数不能直接采用光滑层面风管的沿程阻力系数表进行查询,而应该采用粗糙层面风管的沿程阻力系数计算公式进行计算。

在粗糙层面风管的计算范畴内,雷诺数 Re 的数值对沿程阻力系数的影响极小,可以忽略不计,仅与粗糙度有关,其计算公式见式(5-14)。由公式可以看出,相对粗糙度 d_t/ε_t

的数值与沿程阻力系数成负相关的关系。为便于计算，将式(5-15)的投放管内径 d_t 切换为当量直径，$d_t = 4S_t/U_t$，为便于查询参数数值，引入摩擦阻力系数 α_t 对相对粗糙度进行切换，见式(5-16)。最终投放管内部风阻计算公式见式(5-17)。

$$\lambda = \frac{1}{\left(1.74 + 2\lg\dfrac{d_t}{\varepsilon_t}\right)^2} \tag{5-14}$$

式中：λ 为无因次系数(沿程阻力系数)；d_t 为投放管内径，0.235 m；ε_t 为投放管绝对粗糙度。

$$h_{tf} = \lambda \times \frac{L_t}{d_t} \times \rho_{avr}(\rho_{gr}, \rho_{gc}) \times \frac{v_{avr}^2}{2} = \frac{\lambda \times \rho_{avr}(\rho_{gr}, \rho_{gc})}{8} \times \frac{L_t U_t}{S_t^3} Q_{gc}^2 \tag{5-15}$$

式中：U_t 为投放管内周长，m。

令式中：

$$\alpha_t = \frac{\lambda \times \rho_{avr}(\rho_{gr}, \rho_{gc})}{8} = \alpha_0 \frac{\rho_{avr}}{1.2 \text{ kg/m}^3} \tag{5-16}$$

则：

$$h_{tf} = \lambda \times \frac{L_t}{d_t} \times \rho_{avr}(\rho_{gr}, \rho_{gc}) \times \frac{v_{avr}^2}{2}$$

$$= \alpha_t \times \frac{L_t U_t}{S_t^3} Q_{gc} = \alpha_0 \times \frac{\rho_{avr}}{1.2 \text{ kg/m}^3} \times \frac{L_t U_t}{S_t^3} Q_{gc}^2$$

$$= \alpha_0 \times \frac{\rho_{avr}}{1.2 \text{ kg/m}^3} \times \frac{L_t U_t}{S_t} v_{avr}^2 \tag{5-17}$$

α_0 可以通过经验表格查询。通过平均风速 2~15 m/s 的数据以及图 5.4-5 的末端气流密度，计算得到不同出口风速条件下的投放管管内单位体积空气能量损失(风阻)的数值计算范围，如图 5.4-6 所示。

(4)投放管出口动压和静压(势能、风阻)

根据单位体积气流的流体能量方程，推导投放管出口单位体积气流的气压特性。流体能量方程如下：

$$h_{tf} = P_{gr} - P_{gc} + \left(\frac{v_{gr}^2}{2} - \frac{v_{gc}^2}{2}\right) \times \rho_{avr} + \int_{gc}^{gr} g\rho_{avr}dh$$

$$= P_{gr} - P_{gc} + \left(\frac{v_{gr}^2}{2} - \frac{v_{gc}^2}{2}\right) \times \rho_{avr} + g\rho_{avr}L_t \tag{5-18}$$

式中：P_{gr} 为入料口绝对静压，Pa；P_{gc} 为出料口绝对静压，Pa。

将式(5-17)引入式(5-18)，则：

$$h_{tf} = P_{gr} - P_{gc} + \left(\frac{v_{gr}^2}{2} - \frac{v_{gc}^2}{2}\right) \times \rho_{avr} + g\rho_{avr}L_t = \alpha_0 \times \frac{\rho_{avr}}{1.2 \text{ kg/m}^3} \times \frac{L_t U_t}{S_t} v_{avr}^2 \tag{5-19}$$

经推导，可得投放管出口绝对静压 P_{gc}：

$$P_{gc} = P_{gr} + \left(\frac{v_{gr}^2}{2} - \frac{v_{gc}^2}{2}\right) \times \rho_{avr} + g\rho_{avr}L_t - \alpha_0 \times \frac{\rho_{avr}}{1.2 \text{ kg/m}^3} \times \frac{L_t U_t}{S_t} v_{avr}^2 \tag{5-20}$$

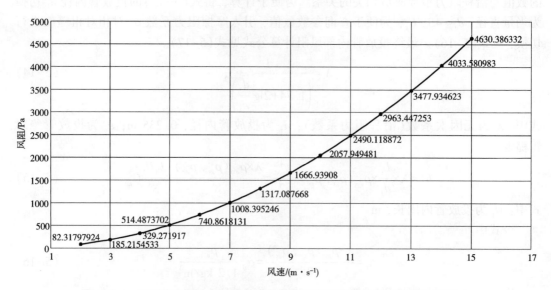

图 5.4-6　不同出口风速条件下的投放管管内单位体积空气能量损失(风阻)

将前面计算数值范围代入式(5-20),计算得到投放管出口的绝对静压曲线如图 5.4-7 所示,相对静压曲线如图 5.4-8 所示。由图 5.4-8 可知,投放管对井下施加空气载荷相当于 1 台或数台大功率局部通风机。投放管出口绝对全压曲线如图 5.4-9 所示。

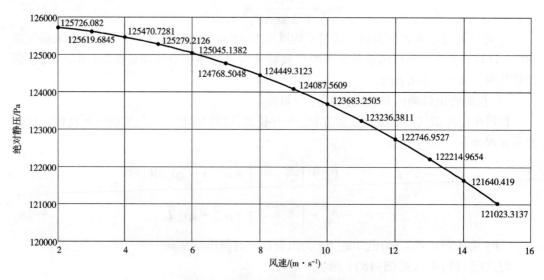

图 5.4-7　不同出口风速条件下的投放管出口绝对静压曲线

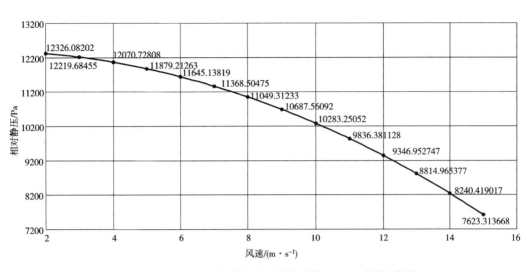

图 5.4-8 不同出口风速条件下的投放管出口相对静压曲线

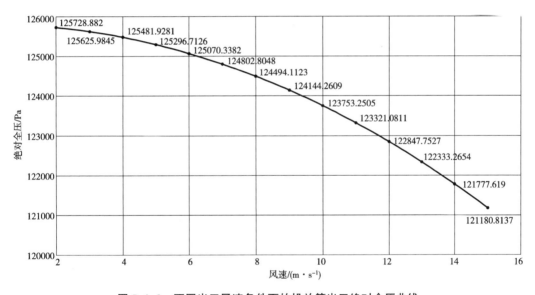

图 5.4-9 不同出口风速条件下的投放管出口绝对全压曲线

在持续投放一定时间后，缓冲硐室内部单位体积气流全压数值和风速将与投放管出口的趋同，由图 5.4-9 可知，其数值范围为：$1.15P_0 \sim 1.25P_0$（P_0 为 1 个标准大气压）。当数值大于 $1.24P_0$ 时，空气流速减慢，同时投放管内物料投放速度减慢，瞬时密度增加，出现堵管风险。根据图 5.4-8 中数值划定静压测定警戒数值为：正压监测数值最大上限为 12326 Pa，即 12 kPa，警戒风速为 2 m/s。

2. 缓冲硐室的气动演变

（1）缓冲硐室的局部风阻值

由前面可知在持续投放一定时间后，缓冲硐室内部单位体积气流风速和全压数值将与投放管出口的趋同。缓冲硐室产生的局部风阻会再次减损气流能量，硐室内的空气流速理论范围数值与投放管出口的相同，即 2～15 m/s。缓冲硐室的具体尺寸如图 5.4-10 所示，其连接处的表面积为 59.15 m²。

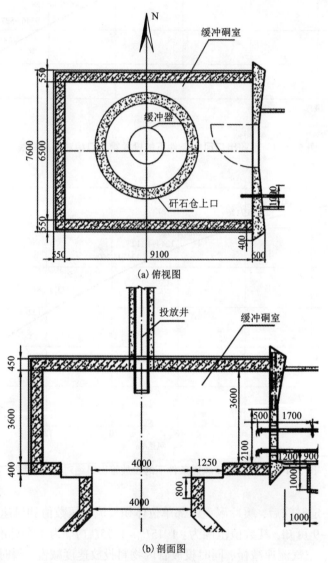

(a) 俯视图

(b) 剖面图

图 5.4-10　缓冲硐室俯视图、剖面图

缓冲硐室的局部风阻计算公式为：

$$\begin{cases} h_{hc} = \left(1 - \dfrac{S_t}{S_{hc}}\right)^2 \dfrac{\rho_{gc} v_{gc}^2}{2} = \xi_1 \dfrac{\rho_{gc} v_{gc}^2}{2} = \xi_1 \dfrac{\rho_{gc}}{2S_t^2} Q^2 \\ \quad = \left(\dfrac{S_{hc}}{S_t} - 1\right)^2 \dfrac{\rho_{hc} v_{hc}^2}{2} = \xi_2 \dfrac{\rho_{hc} v_{hc}^2}{2} = \xi_2 \dfrac{\rho_{hc}}{2S_{hc}^2} Q^2 \\ v_{gc} \rho_{gc} S_t = M = v_{hc} \rho_{hc} S_{hc} \end{cases} \tag{5-21}$$

式中：Q 为缓冲硐室中的风量；m^3；S_{hc} 为缓冲硐室连接处面积，m^2；v_{hc} 为缓冲硐室平均风速，m/s；ρ_{hc} 为缓冲硐室气流密度，kg/m^3；ξ_1，ξ_2 为局部阻力系数，且因缓冲硐室为不规则对面，其修正数值为：$\xi' = \xi(1 + \alpha/0.01)$，$\alpha$ 为摩擦阻力系数。

将不同出口风速数值和对应空气密度代入式(5-21)，可得缓冲硐室在不同风速下的风阻数值，如图 5.4-11 所示。

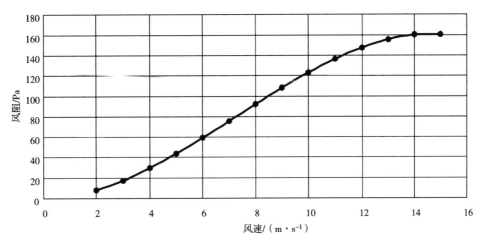

图 5.4-11　不同出口风速条件下的缓冲硐室风阻变化值

由图 5.4-11 可以看出：

①缓冲硐室的整体风阻最大值不超过 200 Pa，对单位体积风流的整体能量消耗不大；

②随着风速的逐渐减小，缓冲硐室的风阻也在逐渐减小，即对缓冲硐室内部的全压数值的降低能力减小。

(2)缓冲硐室的气动变化

缓冲硐室的全压数值计算公式为：

$$P_{hc}^t = P_{gc}^t - h_{hc} = P_{gc} + \frac{v_{gc}^2}{2} \times \rho_{avr} - \left(1 - \frac{S_t}{S_{hc}}\right)^2 \frac{\rho_{gc} v_{gc}^2}{2} \tag{5-22}$$

式中：P_{hc}^t 为缓冲硐室全压，Pa；P_{gc}^t 为投放管出口全压，Pa。

代入不同出口风速数值和对应空气密度得到全压计算结果，如图 5.4-12 所示，相对静压计算结果如图 5.4-13 所示。

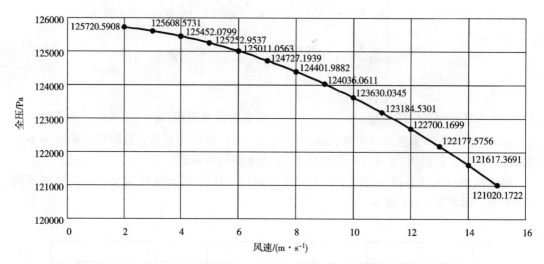

图 5.4-12 不同出口风速条件下的缓冲硐室全压变化值

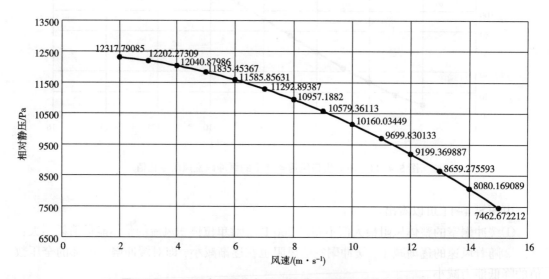

图 5.4-13 不同出口风速条件下的缓冲硐室相对静压变化值

3. 系统末端的气动演变

系统末端即稳压硐室的风阻是整个系统中唯一人为可控的风阻，且系统末端风阻完全可以改变整个投放系统的风阻。除了控制地面投放流量这种被动途径外，改变缓冲硐室外部卸压风管是人为主动控制系统风阻、改变空气流动特性的唯一途径。稳压硐室的设计尺寸如图 5.4-14 所示。

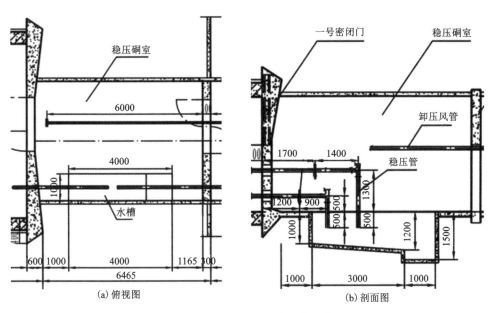

图 5.4-14　稳压硐室的设计尺寸

（1）系统风阻可变区间

①转向风阻（90°）

系统转向风阻的计算公式为：

$$h_z = \xi_z \frac{\rho_{hc} v_{hc}^2}{2} = \xi_z \frac{\rho_{hc}}{2 S_{hc}^2} Q^2 \tag{5-23}$$

其中，90°转向风阻系数 ξ_z 的计算公式为：

当巷高与巷宽比值为 0.2~1.0 时：

$$\xi_z = \left[(\xi' + 28\alpha) \times \frac{1}{0.35 + 0.65 \dfrac{H_{hc}}{W_{hc}}} \right] \times \beta \tag{5-24}$$

当巷高与巷宽比值为 1.0~2.5 时：

$$\xi_z = \left[(\xi' + 28\alpha) \times \frac{W_{hc}}{H_{hc}} \right] \times \beta \tag{5-25}$$

缓冲硐室的高宽比为 3.6/6.5 = 0.556，单投放系统的气流转向并非平面转向，而是垂直转向，因此公式中的宽高数值要互相切换，则宽高比为 6.5/3.6 = 1.8。故采用式（5-25），且公式变更为：

$$\xi_z = \left[(\xi' + 28\alpha) \times \frac{H_{hc}}{W_{hc}} \right] \times \beta \tag{5-26}$$

式中：β 为巷道转弯角度影响系数，可由系数表查询。由式（5-23）可得转向风阻计算结果，如图 5.4-15 所示。

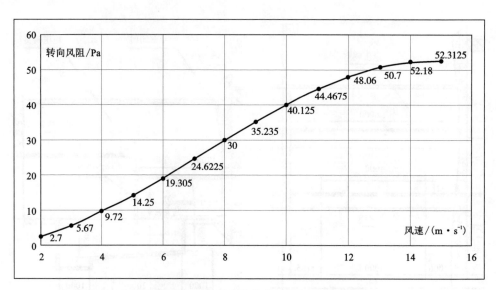

图 5.4-15 不同风速条件下的转向风阻变化值

②开放卸压风管风阻(缩小+增大)

第1组开放卸压风管的风阻变化经历了断面缩小和断面扩大2次变化,则其断面缩小增加的风阻计算公式为:

$$h_{xy1}^{s} = 0.5 \left(1 - \frac{S_{hc}}{4S_{xy1}}\right)^{2} \left(1 + \frac{\alpha}{0.013}\right) \frac{\rho_{hc} v_{hc}^{2}}{2} \tag{5-27}$$

断面扩大增加的风阻计算公式为:

$$h_{xy1}^{k} = \left(1 - \frac{4S_{xy1}}{S_{wy}}\right)^{2} \left(1 + \frac{\alpha}{0.01}\right) \frac{\rho_{xy1} v_{xy1}^{2}}{2} \tag{5-28}$$

第1组开放卸压风管形成风阻为:

$$\begin{cases} h_{xy1} = h_{xy1}^{s} + h_{xy1}^{k} = 0.5 \left(1 - \frac{S_{hc}}{4S_{xy1}}\right)^{2} \left(1 + \frac{\alpha}{0.013}\right) \frac{\rho_{hc} v_{hc}^{2}}{2} + \left(1 - \frac{4S_{xy1}}{S_{hc}}\right)^{2} \left(1 + \frac{\alpha}{0.01}\right) \frac{\rho_{xy1} v_{xy1}^{2}}{2} \\ 4S_{xy1} \rho_{xy1} v_{xy1} = \rho_{hc} v_{hc} S_{hc} \end{cases} \tag{5-29}$$

式中:S_{xy1} 为开放卸压风管截面积,m^{2};S_{wy} 为稳压硐室截面积,m^{2};v_{xy1} 为稳压管内空气流速,m/s;ρ_{xy1} 为稳压管内空气密度,kg/m^{3}。

将数值代入式(5-29),计算结果如图 5.4-16 所示。

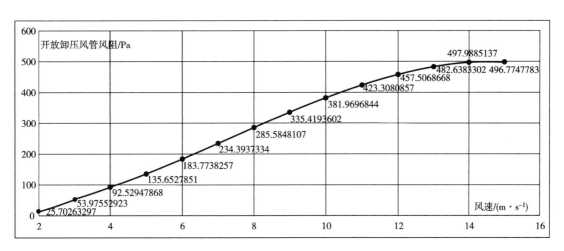

图 5.4-16　开放卸压风管风阻变化曲线

③可控卸压风管风阻(缩小+增大)

如 4 个卸压风管全部打开,可控卸压风阻的计算公式为:

$$
\begin{cases}
h_{xy2} = h_{xy2}^{s} + h_{xy2}^{k} = 0.5\left(1 - \dfrac{S_{wy}}{4S_{xy2}}\right)^{2}\left(1 + \dfrac{\alpha}{0.013}\right)\dfrac{\rho_{wy}v_{wy}^{2}}{2} + \left(1 - \dfrac{4S_{xy2}}{S_{wy}}\right)^{2}\left(1 + \dfrac{\alpha}{0.01}\right)\dfrac{\rho_{xy2}v_{xy2}^{2}}{2} \\
4S_{xy2}\rho_{xy2}v_{xy2} = \rho_{wy}v_{wy}S_{wy} = 4S_{xy1}\rho_{xy1}v_{xy1}
\end{cases}
\tag{5-30}
$$

式中: S_{xyz2} 为可控卸压风管截面积; m^2; ρ_{xyz2} 为可控卸压风管内空气密度, kg/m^3; v_{xyz2} 为可控卸压风管内空气流速, m/s。

则依次关闭 1 个、2 个、3 个和 3.5 个(最后一个半开合)的计算公式依此类推,将数值代入式(5-30),计算结果如图 5.4-17 所示。

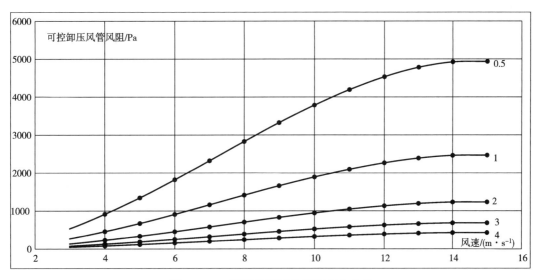

图 5.4-17　可控卸压风管风阻变化曲线

（2）系统出口气动变化

根据前面的计算结果，可以计算可控卸压风管出口气流点的相对静压，计算结果如图5.4-18所示，系统出口气流速度如图5.4-19所示，系统出口绝对全压如图5.4-20所示，系统出口气压与大气压比值如图5.4-21所示。

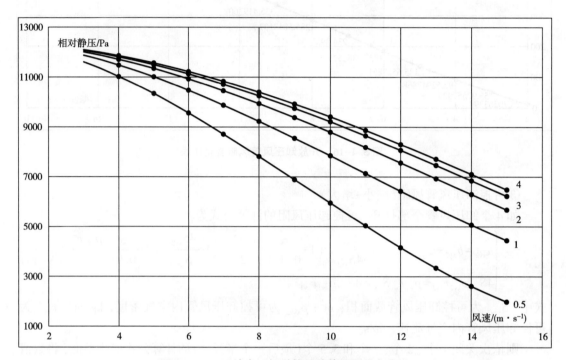

图5.4-18　系统出口相对静压计算结果分布曲线

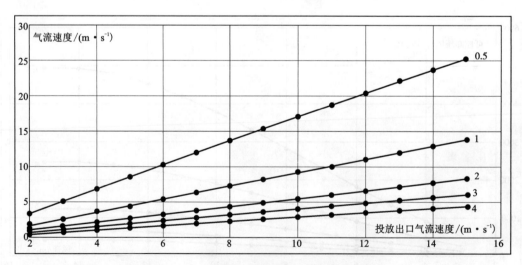

图5.4-19　系统出口气流速度计算结果分布曲线

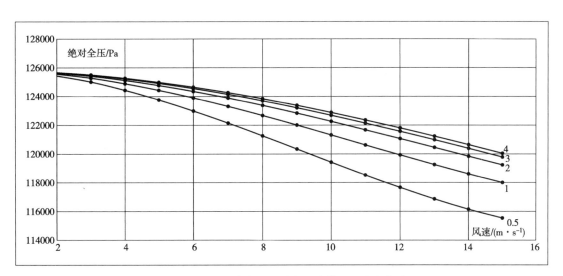

图 5.4-20　系统出口绝对全压计算结果分布曲线

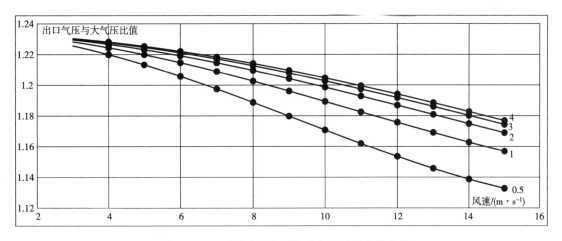

图 5.4-21　系统出口气压与大气压比值变化曲线

5.4.3　系统气流演化特性数值分析

1. 数值计算模型的建立

（1）数值模拟软件

采用由 FLUENT 公司开发的 GAMBIT 前处理软件进行计算域内网格划分和边界条件的定义。FLUENT 软件包还含多种物理模型，使得用户能够精确地模拟无黏流、层流、湍流。湍流模型包含 Spalart-Allmaras 模型、k-ω 模型组、k-ε 模型组、雷诺应力模型（RSM）组、大涡模拟模型（LES）组以及最新的分离涡模拟（DES）和 V_2F 模型等。

（2）数值模型的建立

根据投放系统的理论研究成果与现场工程经验分析，固体物料投放的实质是一个气流向下部空间压缩的过程，为了分析气流在储料仓及缓冲硐室内的流动特性，需要建立两个模型。在固体物料堆积前期或者储料仓内物料较少时，由于固体充填物料之间存在一定的间隙，加之卸料口处具有非完全封闭性，气体可由下部卸料孔排出。当固体废弃物的堆积高度到达一定高度后，将在储料仓内形成一个下端近似封闭区域，气体难以从卸料口排出。因此，第一个模型是模拟投料前期卸料口处可排放气体的底部开放空间，另一个模型是模拟固体充填物料堆放到一定高度后的底部封闭空间。仅分析入口气流达到稳定投放后的流场分布特征，不考虑投放管内气流分布状态。因此，以投放管底部（即储料仓顶部）为入口边界，通过提供一定的典型气流速度来模拟内部气流分布状况，采用 2D 模拟，建立的模型如图 5.4-22 所示。

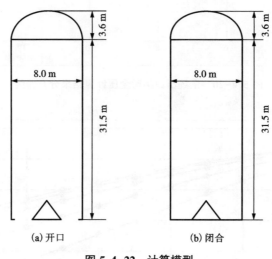

(a) 开口   (b) 闭合

图 5.4-22　计算模型

2. 模型方案和参数选取

(1) 计算区域与网格划分

确定计算区域是进行 CFD 模拟的第一步，由于要得到整个储料仓区域内部的气流分布状态，所以取整个模型的平面为计算域。两个模型均由下部两个三角形、中间矩形和上部的半圆形平面组成，计算域的最大长度为 35.1 m，宽度为 8 m。该计算域采用 GAMBIT 软件进行网格划分，每个模型共产生约 67000 个网格。

(2) 边界条件

流体的流动状态与流速、管道直径和流体运动黏性等因素有关，采用雷诺数判断流体状态。一般情况下，对无扰动因素的直管段来说，当雷诺数 Re 小于 2300 时，流体流动状态为层流；当 Re 大于 3000~4000 时，流动状态为紊流。经过前面的计算可知，雷诺数远大于 2300，属于高雷诺数的流动状态，因此，空气在储料仓内的流动状态为紊流，此处选择标准的 $k-\varepsilon$ 模型（$k-\varepsilon$ model）进行模拟分析。设置一个入口边界，并采用速度入口（velocity-inlet），速度根据前面的计算选取 7.5 m/s 和 15 m/s。流场侧面、模型表面设置为壁面边界条件（wall），采用系统默认值，无滑移。

（3）计算方法

采用有限体积法对流体控制方程进行离散化，在本次模拟中选择 FLUENT 的 2D 二维双精度求解器，计算模式选择稳态计算（steady），采用基于压力的隐式（implicit）分离式（segregated solver）解法。压力速度耦合方式选择 SIMPLE 压力修正算法，压力离散格式选择 PRESTO，其余各个相关方程的离散格式都采用二阶迎风格式（second order upwind）。

（4）气流分布特征

根据以上建立的计算模型，通过调节入口处的流体速度，可得到两种模型储料仓空间内在典型速度条件下的气流速度矢量图，如图 5.4-23、图 5.4-24 所示。

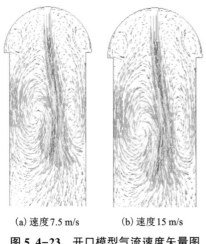

(a) 速度 7.5 m/s　　(b) 速度 15 m/s

图 5.4-23　开口模型气流速度矢量图

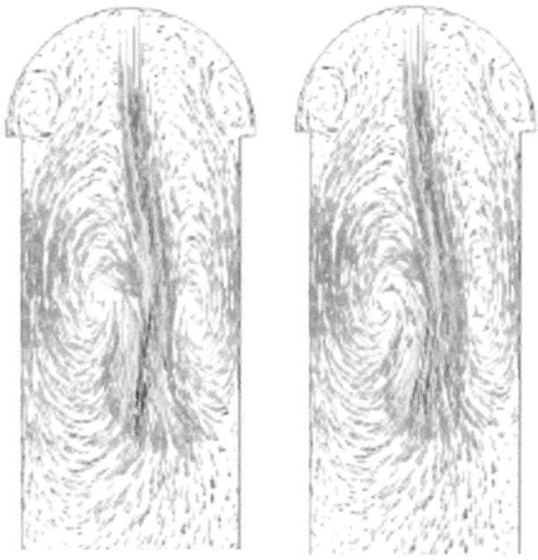

(a) 速度 7.5 m/s　　(b) 速度 15 m/s

图 5.4-24　封闭模型气流速度矢量图

由上面两组不同条件下的速度矢量图可以看出：下方卸料口处的封闭与否对储料仓内的气流场影响不明显；仓内的最大速度与入口气流速度成正比。气压分布状态在选取速度条件下的压力分布云图如图 5.4-25、图 5.4-26 所示。

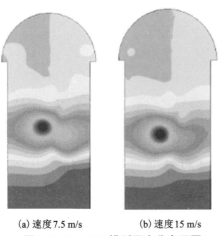

(a) 速度 7.5 m/s　　(b) 速度 15 m/s

图 5.4-25　开口模型压力分布云图

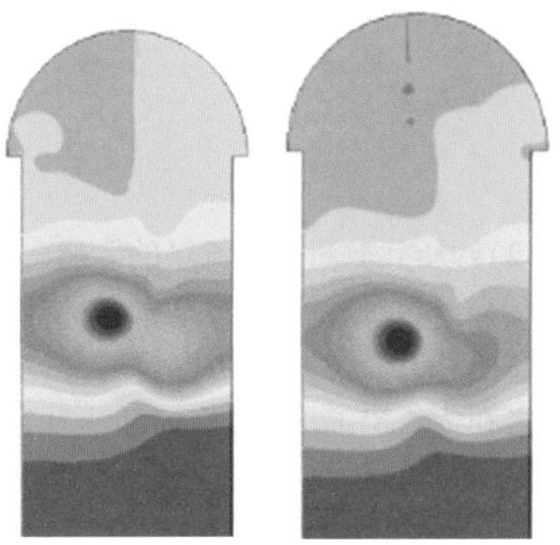

(a) 速度 7.5 m/s　　(b) 速度 15 m/s

图 5.4-26　封闭模型压力分布云图

由上面两组在不同状态与速度条件下储料仓内气压分布状况的数值模拟结果可知：气压增加不呈线性变化特征；局部区域出现负压情况(由空气密度低于常规密度导致)。

3.卸压参数气动影响特征

(1)卸压孔尺寸对气流场的影响(二维)

为了分析卸压孔尺寸如何影响气流场的变化，在保持入口气流速度不变的条件下(15 m/s)，改变卸压孔直径(卸压孔直径分别设为100 mm、300 mm、500 mm、600 mm)，采用FLUENT数值模拟软件进行模拟，代入前面模拟参数，可得到不同卸压孔直径下的储料仓内气流速度云图，如图5.4-27所示。由数值模拟结果可知，当开设卸压孔后，气流场的分布状态发生明显变化，气流明显向着卸压孔口方向移动，且在流出卸压孔口处的气流速度达到最大值，因此，通过开设卸压孔的方式改善储料仓内气流场的分布具有明显效果；随着卸压孔直径的增大，投料空间内的最大气压、入口处的气压不断减小。相比入口气压，缓冲空间最大气压减小更快。

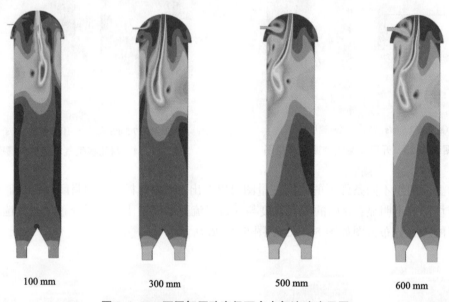

100 mm   300 mm   500 mm   600 mm

图5.4-27　不同卸压孔直径下仓内气流速度云图

(2)卸压孔数量对气流场的影响(二维)

将一个卸压孔平均分为 n 个子卸压孔，所有的子卸压孔直径之和等于一个卸压孔时的卸压孔直径，并将其均匀地安设在上部空间，即保持入口流速为15 m/s，卸压孔直径之和为500 mm，等价的卸压孔数量为1、2、4和8，通过模拟得到的速度矢量图如图5.4-28所示。

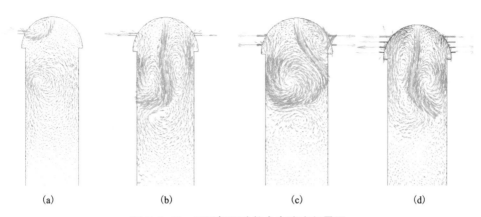

图 5.4-28　不同卸压孔数仓内速度矢量图

由模拟结果可以看出：卸压孔对储料仓内的气流运动状态的影响差异较大，且无明显规律；仓内的最大气压与入口处气压随着开设的卸压孔数量增多而减小；卸压孔数目 1~4 个时，最大气压变化值明显，4~8 个时，最大气压变化值较小，因此，卸压孔数量大于 4 个时，没有继续增加的必要。

5.5　底部功能结构设计

5.5.1　缓冲硐室缓冲结构原理

由于散体材料经过超大垂深投料系统进入储料仓后，具有较高的下落速度，会对储料仓下部结构造成冲击破坏，因此必须设置缓冲机构(缓冲器及支撑结构)保护下部储料仓。

1. 缓冲机构的受力分析

受力分析过程为固体废弃物直接由地面投到井下的过程，考虑到固体废弃物经投放管落到缓冲装置上是个连续的过程，因此运用动量守恒原理对物料落到缓冲装置上时所产生的冲击力进行计算分析。

考虑固废进入投放管的初速度为水平方向，水平方向的速度将在下落过程导致矸石与管壁发生摩擦和碰撞，使这部分动能被消耗。结合工程实际，下落矸石对缓冲器的冲击主要由竖直方向的运动产生，故在计算过程中认为矸石初始速度对最终的冲击力没有影响。

$$mv - mv_0 = Ft \tag{5-31}$$

$$m = QT \tag{5-32}$$

式中：F 为物料与缓冲装置发生碰撞时的冲击力，N；m 为投入的充填材料质量，kg；Q 为投料速度，t/h；v 为固体物料的速度，m/s；v_0 为竖直方向初始速度。

由式(5-31)、式(5-32)可以得出：

$$F = Qv/3600 \tag{5-33}$$

将 $Q = 500$ t/h，理论最大速度 $v = 109$ m/s 代入式(5-33)，得到冲击力 F 为 15.14 kN，

相当于单位时间内持续承受 1.54 t 重物的压力。由于投料过程中还伴有受气流扰动导致矸石与管壁的摩擦产生的阻力的作用,因此计算得出的冲击力为最大值。

上述计算是基于均匀投料得出的平均冲击力,考虑投料的不均衡性及下落过程中受到气流扰动的影响,可能出现部分物料落下时不均衡冲击缓冲器的情况,故最大瞬时冲击力 F_{max} 应大于 F,可由式(5-34)确定。

$$F_{max} = \eta F \tag{5-34}$$

式中:η 为安全系数,经模拟实验测得为 1.10~1.15,设计中取 1.15。

将具体数据代入,得固体物料落至缓冲器上最大冲击力为 $F_{max} = 16.628$ kN,相当于 1.7 t 重物的压力。

2. 缓冲机构的结构原理

由于散体材料经过大垂深投料系统进入储料仓后,具有较高的下落速度,会对储料仓下部结构造成冲击破坏,因此必须设置缓冲机构(缓冲器及支撑结构)保护下部储料仓。根据多个现场应用的反馈信息与监测数据,现有缓冲器普遍存在如下问题:

(1)碰撞角依旧过大,不利于缓冲器自身保护和使用寿命的延长;

(2)下部支撑结构(双减震拱形梁)与安装平台刚性连接,仅依赖拱形梁自身刚度减震,无法有效维护安装平台,安装平台均出现微小开裂现象。

因此,本次缓冲结构的设计将改进和优化上述两个缺点,更改细节为:

(1)继续提升碰撞角度至最优角度;

(2)将双拱形梁改进为 4 根拱形梁;

(3)拱形梁与安装平台采用减震器连接。

改进后缓冲器结构原理如图 5.5-1 所示。

图 5.5-1 缓冲器结构原理图

在投放井投料过程中,随着矸石等固体物料打落在缓冲设备上,必然造成固体物料在储料仓上口硐室内飞溅,且随着缓冲器碰撞角的增大,溅射动能有所提高,因此必须在缓冲硐室内安设挡矸笼,用于遮挡松散矸石颗粒的溅射,挡矸笼结构原理如图 5.5-2 所示。

根据以往应用经验,挡矸笼采用金属铰接的方式组装形成基本支撑强度骨架,摒弃柔性包裹的方式,而采用致密高韧性金属或合成材料网,可实现阻隔高粒径矸石颗粒且同时释放气压的作用。

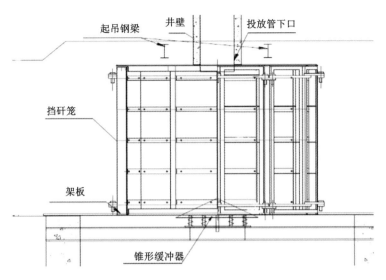

图 5.5-2　挡矸笼结构原理图

5.5.2　储料仓堵塞的应对机制

1. 储料仓堵仓预警方案

在固废流量波动的情况下，为保障工作面连续供料的要求，设计储料仓深度约 28 m，直径约 8 m，如图 5.5-3 所示。储料仓防堵的预警方式主要为满仓报警监控系统，即在缓冲机构下部设置满仓报警器，其监测原理和测点分布如图 5.5-4 所示。可在缓冲机构上设置多个测点，布置 2~10 台红外测距型在线监测满仓报警器。

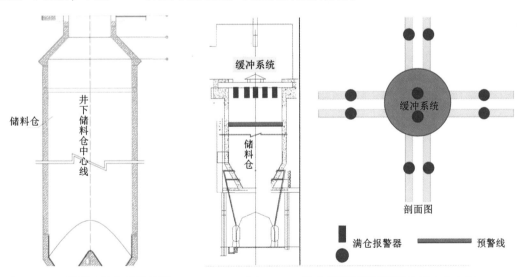

图 5.5-3　储料仓的布置平面图　　图 5.5-4　满仓报警器监测原理和测点分布图

2. 满仓报警的预警高度

综合胶结实验测试结果，且考虑一定安全系数，选择 4 kN 作为固废胶结形成稳定结构的分界数值。载荷 4 kN 即应力达到 0.52 MPa。

如假定储料仓内部物料高度密实，矸石孔隙被水分充满，以矸石真密度计算，则储料仓内部储料高度 h_a 可以下式算出：

$$h_a = 0.52 \text{ MPa} \times \frac{100 \text{ m}}{2.5 \text{ MPa}} = 20.8 \text{ m}$$

如根据散体矸石视密度计算，储料仓内部储料高度 h_a' 可以以下方式计算：

4 kN 载荷视密度 = 1.364 t/m³ × (1+4 kN 载荷压实度) = 1.446 t/m³

$$h_a' = 0.52 \text{ MPa} \times \frac{100 \text{ m}}{1.446 \text{ MPa}} = 35.96 \text{ m}$$

基于以上数据结果，如根据散体矸石视密度计算，在储料仓物料充满时都不会发生堵仓，但在工艺实施过程中为实施降尘，物料中伴有大量水分。根据以往实验测定结果和现场经验，含水量的增加会显著增加固废的胶结性和塑性，会显著增加堵仓风险性。因此，在非连续投料或低速率投料时，以 20.8 m 为满仓报警高度。

在满仓报警时，投放管内尚存有物料，因此实际报警值应该将投放管内物料计算在内。投放管内物料质量计算方法如下：

$$M_{投放管} = \rho_{散体} \times \pi \left(\frac{R}{2}\right)^2 \times H = 1.364 \times 3.14 \times 0.26^2 \times 600 \text{ t} = 173 \text{ t}$$

式中：R 为投放管直径，m；H 为投放管深度，m。投放管内物料在储料仓内的可堆积高度 h' 为

$$h' = \frac{M_{投放管}}{\rho_{散体} \times \pi \left(\frac{R'}{2}\right)^2} = \frac{173 \text{t}}{\rho_{散体} \times \pi \left(\frac{8 \text{ m}}{2}\right)^2} = 2.52 \text{ m}$$

报警器安全报警高度应该设定为：20.8 m − 2.52 m = 18.28 m。因此，在高速率投料时，满仓报警高度应该设定为 18.28 m。

3. 堵仓发生的处理办法

在储料仓发生堵塞后（储料仓下部卸料口不再出料），要立刻停止投料，处理方式即采用空气炮清堵，储料仓防堵空气炮释放孔布置原理图如图 5.5-5 所示。可在储料仓下部设置空气炮释放孔，并由阀门分别控制。

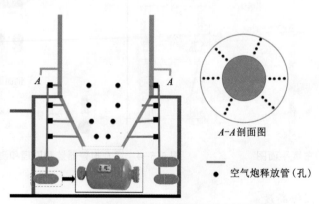

A-A 剖面图

● 空气炮释放管（孔）

图 5.5-5　储料仓防堵空气炮释放孔布置原理图

5.5.3　稳压硐室降尘降噪系统

1. 降尘系统技术原理

单稳压硐室一般降尘一般布局(如图 5.5-6 所示)是风管直接探入降尘水池,而降尘水池完全开放,水尘扬起后整个卸压硐室都成为降尘空间,降尘效果骤降。综合现场情况和降尘原理,对降尘系统进行技术更新,拟采取的方案是:缩小降尘空间,提升水尘扬起后的实际接触率,给降尘水池"加盖",即增加一个掩护罩,如图 5.5-7 所示。增加掩护罩以后,可以有以下改进效果:①掩护罩可以阻挡扬起的水尘,使其回流入降尘水池;②掩护罩将水尘接触空间由整个稳压硐室压缩到掩护罩范围以下的一个空间内,粉尘与水颗粒的接触密度提升,降尘效果提升。

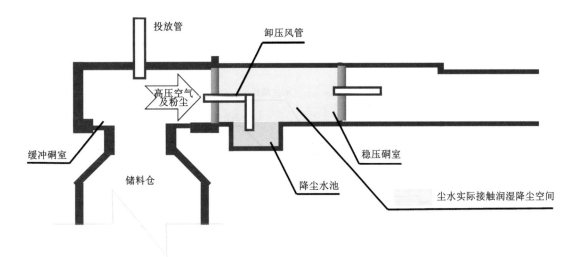

图 5.5-6　单稳压硐室一般降尘方案示意图

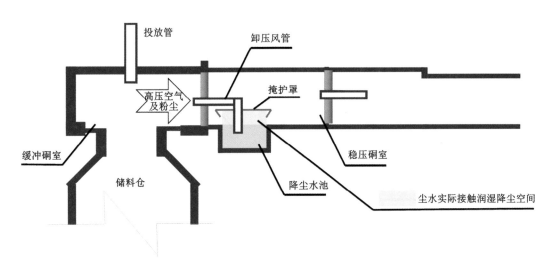

图 5.5-7　卸压风管与降尘水池连接改进方案示意图

掩护罩的设计原理示意图如图 5.5-8 所示。其技术细节如下：

(1)掩护罩主体：掩护罩主体采用普通薄钢板焊接，覆盖面积要大于降尘水池表面积；

(2)留设卸压风管探入孔：掩护罩主体上要留设与卸压风管外径匹配的孔，卸压风管穿入孔内，进入下部降尘水池；

(3)掩护罩支撑：掩护罩通过边沿的支腿嵌入盖板，以固定螺栓固定掩护罩高度并形成支撑；

(4)掩护罩外沿：掩护罩边沿采用相同钢板焊接出下沿，下沿要有一定的内倾斜角，有利于扬起的水尘回流入降尘水池；

(5)半封闭设计(排气开口)：掩护罩外边沿不得过长，要留有足够排气开口释放高压气流；

(6)叠合区域：掩护罩主体应采用分体式，两片掩护罩要有叠合部分，清淤时可拆除外侧的一片掩护罩，如图 5.5-9 所示。

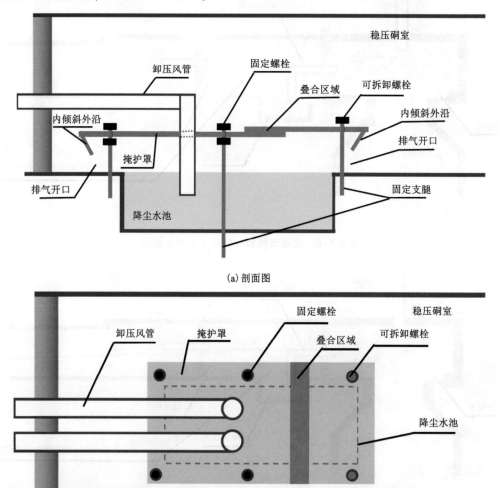

(a)剖面图

(b)俯视图

图 5.5-8　掩护罩设计原理示意图(掩护罩完全盖上时)

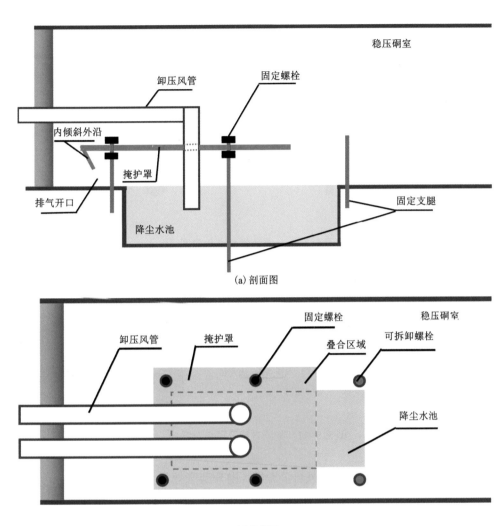

(a) 剖面图

(b) 俯视图

图 5.5-9　掩护罩拆除外侧部分原理示意图

2. 降噪方案技术原理

固体物料从地面投放到井下形成的动能，一部分能量造成矸石破坏以及缓冲机构的疲劳损伤，一部分能量转化为高压气流的静压能和动压能，最后一部分转化为一定热量和噪声。投放系统的噪声，是由高速气流在管口涌出时产生的，主要发生点如图 5.5-10 所示。单稳压硐室的发生点主要有 3 个：投料孔出口、缓冲硐室卸压风管出口和稳压硐室卸压风管出口。

投料系统形成的风压与一台普通局部风机相当，因此，选择矿用风机消音器可有效控制噪声。可要求厂家根据卸压风管出口孔径，选型匹配风机消音器，如图 5.5-11 所示。

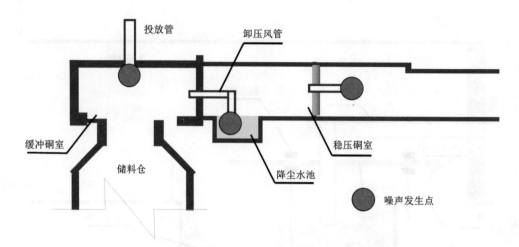

图 5.5-10 噪声发生点示意图

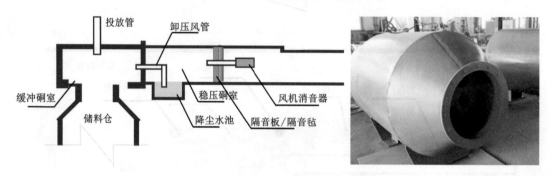

图 5.5-11 降噪方案及风机消音器

为配合稳压硐室卸压风管出口风机消音器，提升消音效果，隔离缓冲硐室和稳压硐室室内噪声，可在稳压硐室外侧隔离门的内侧铺设隔/吸音板或隔音毡，或先铺设一层隔音板，再铺设一层隔音毡。隔音板及隔音毡如图 5.5-12 所示。为增强隔音效果，也可在卸压硐室隔离门内侧也铺设一层隔音板。

(a) 隔音板　　　　　　　　　(b) 高阻尼隔音毡

图 5.5-12 隔音板及隔音毡

5.6　底部功能监测方案

5.6.1　监测目标和意义

1. 监测的必要性

基于投料系统在其他矿井的应用经验，散体材料通过投放口投放入储料仓的过程是投放井下部缓冲硐室持续增压的过程，需要对下部硐室进行有效的卸压。卸压技术的控制原理即利用稳压硐室进行卸压，并通过远程操控卸压阀或者人工调整卸压阀来进行卸压程度的调节。

远程或人工操控阀门配合缓冲硐室和降尘稳压硐室内的风压风速监测仪进行。投料开始时阀门完全关闭或少量开启，持续至降尘稳压硐室的压力增速趋向稳定值后，逐渐操控阀门，至压力绝对值稳定后停止，或者定期监测压力变化，适时调整。因此，需要时刻掌握下部关键机构的关键位置风压风速定量数值和变化趋势，并对气压和风速骤变情况及时作出预警，指导人员作出及时的投料修正与卸压操作。

2. 监测目标和意义

超大垂深高能力垂直投放系统下部关键机构风压风速监测预警是投料系统安全可靠运行的关键，其作用与意义具体如下。

(1) 投放管堵塞预防

如投料系统下部机构气压过高，投放管内固体废弃物与高压气体气固两相相对速度骤增，则固体废弃物下落速度开始逐渐降低。如在固体废弃物下落速度逐渐降低过程中，地面投料流量不变，则投放管内固体废弃物视密度增加，固气体积比能短暂突破并超过 1/3，在固废低粒径范围颗粒较多情况下，可能发生瞬时胶结，从而造成堵管。因此，只有监控系统下部机构气压情况，在气压骤增情况下及时作出调整，才能避免堵管发生。

(2) 维护系统结构安全

如投料系统下部机构气压过低(如系统投料刚启动阶段的短暂时间内)，投放管内固体废弃物与高压气体气固两相相对速度骤降，固体废弃物下落速度开始逐渐增高，则固体废弃物进入缓冲硐室的末端速度剧增。高速下落固体废弃物可能对最下部机构的硐室、支护机构、功能机构和缓冲保护机构造成伤害，且末端速度较高的固体废弃物更容易在与缓冲机构碰撞后衍生裂隙或直接破碎，造成固体废弃物散体孔隙比增加，碎胀系数增加，降低固废抗变形能力还造成颗粒分散度增加，固废产尘能力增加，增加了降尘难度。

(3) 系统寿命延长

如投料系统下部机构气压过低，固体废弃物下落速度一直处于较高的水平，则会对投放管内部耐磨涂层造成高强度的摩擦损伤，降低投放管使用寿命。同时会对下部缓冲器造成更大强度的疲劳损伤。

(4) 控制末端气压

在完全没有卸压稳压系统的极端情况下，投料系统即在矿井下部通风系统里增加了一个不稳定风压热点，在增加粉尘控制难度的同时，有形成污染循环风的风险。卸压稳压硐室可以凭借结构和风管孔径参数特性，增大路线风阻，吸收地面投放固体废弃物形成的末端压力，减少对风路系统的负面影响。同时，投料系统底部绕道系统本身是通过通风管（高风阻）引入通风的，容易受到高风压因素的影响。

5.6.2　监测内容和方案

1. 风压风速监测

（1）监测主要指标

监测的主要指标是监测关键位置的风压和风速，一般在下部缓冲卸压系统的风流输入端和末端安设风压风速监测装置用于监测风压和风速。

风量参数可以根据监测数据和现场技术参数通过理论公式推算得出。

（2）监测仪表布置

超大垂深高能力垂直投放系统下部关键位置风压风速监测设备布置如图 5.6-1 所示。

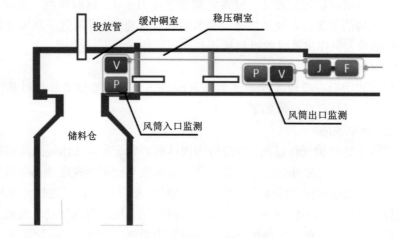

(a) 剖面示意图

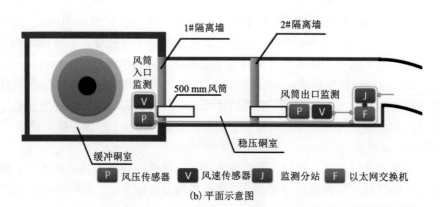

(b) 平面示意图

图 5.6-1　风压风速监测设备布置示意图

在缓冲硐室靠近卸压风筒（风管）入口处安设风压传感器和风速传感器各 1 台；在稳压硐室以外，即 2#隔离墙以外风筒（风管）出口处安设风压传感器和风速传感器各 1 台。两处测点的 4 台传感器的数据通过线路在外部监测分站进行汇集，并通过数据交换机传输至地面控制中心。

2.预警指标设定

当稳压硐室出现以下 2 种情况时，设定监测系统报警参数并做出预警。

（1）缓冲硐室风压快速升高（全压$\geq 1.24P_0$，P_0 为标准大气压），风速逐渐降低，稳压硐室出口风压风速发生不稳定波动，如图 5.6-2 所示。

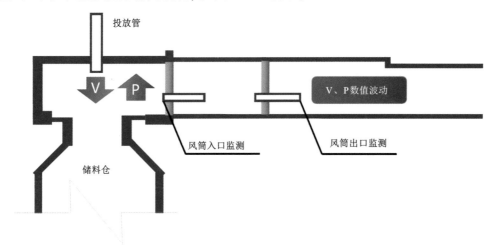

图 5.6-2　缓冲硐室气压快速增高情况示意

该种情况发生说明：系统投放流量和稳压系统风阻均过高，投放管内固体废弃物下落速度开始快速降低。此时的操作是暂时降低地面投放强度，调大风筒出口阀门。再行测试后如风筒入口气压可以稳定在 $1.24P_0$ 以下，则可以逐渐恢复地面投放强度。

（2）缓冲硐室风压过低（全压$\leq 1.15P_0$），风速数值波动明显，稳压硐室出口风压降低，风速波动明显，如图 5.6-3 所示。

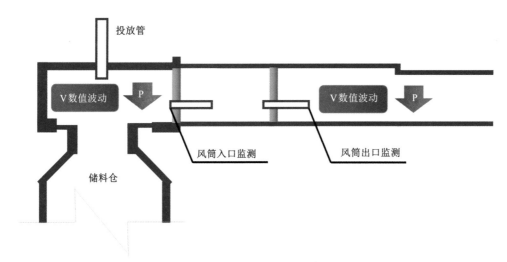

图 5.6-3　缓冲硐室气压过低情况示意

该种情况发生说明：稳压系统风阻均过低，投放管内固体废弃物下落速度开始快速升高。此时的操作是暂时停止地面投放，适当调小风筒出口阀门。再行测试后如风筒入口气压可以稳定在 $1.15P_0$ 以上，则可以逐渐恢复地面投放强度。

5.7　投放井井底硐室及巷道

5.7.1　储料仓结构原理及设计

储料仓的容量需要满足两个条件：

(1)容量大于整个投放井的矸石量

为了防止储料仓下口给煤机出现故障时，储料仓无法容纳整个投放井的矸石量，要求储料仓容量大于整个投放井的矸石量。

(2)满足井下两个小时以上的矸石用量

由于井下工作环境恶劣，设备故障率相对地面设备要高很多，因此在井下充填过程中会出现运输设备的多次启停。为了不让井下设备故障影响地面投料，需要在地面和井下系统建立一个缓冲仓，也即储料仓。根据其他矿井的经验，矸石仓的容量应当大于 2 个小时以上的矸石用量。

最终设计矸石仓高度 25 m，直径 8.0 m，矸石仓容量 1600 t。

5.7.2　井底硐室通风安全、检修系统

为了满足储料仓上、下口的检修及通风需要，设置了储料仓上、下口检修通道。为了保证上口检修巷的通风，上口检修巷在风门外需要向下口检修巷道钻进 2 个 ϕ219 通风钻孔，钻孔采用套管护壁。

储料仓上、下口检修巷道如图 5.7-1 所示。

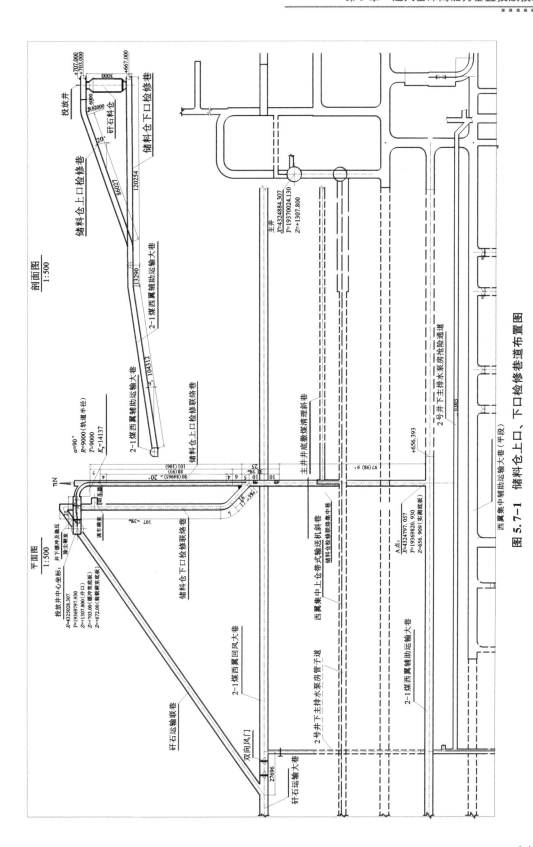

图 5.7-1　储料仓上口、下口检修巷道布置图

第6章

矸石垂直过程投放及缓冲数值模拟分析

6.1　超大垂深投放井矸石落体运动模拟分析

研究超大垂深矸石投放过程中的运动特点和其对投放系统本身建构筑物的影响是系统安全运维的关键。矸石在重力及空气阻力作用下将会以高速状态向下运动，高速下落的固体物料将会压缩空气并对井下建构筑物产生一定影响，同时高速下落的固体物料将会在接触底部蓄能缓冲器的短时间内，给蓄能缓冲器造成冲击。

6.1.1　计算方法

参考国内外相关文献，不考虑和井壁碰撞的不可控因素，固体物料下落过程主要由重力和空气阻力主导。因而计算固体物料垂直输送时必须要考虑流固耦合过程。而在固体物料从管道中坠出后，对缓冲器作用时，因其高速短时，则可以忽略短暂的空气作用。

流固耦合仿真计算是研究可变形的固体结构在流场作用下，流体和固体的各种行为的一门耦合作用计算学科，其是将计算流体力学与固体力学交叉而产生的一门进行多物理场仿真计算的一个重要分支。流固耦合计算的基础是计算流体—固体两类介质在相互作用下变形固体对流体及流体对固体的相互影响。因此此处不仅涉及流体和固体的仿真计算，还涉及流体与固体之间的耦合计算。

流固耦合求解分为顺序求解法与直接求解法，顺序求解法是将流场与固体场的计算分开来计算，再顺序耦合。例如常用的双向耦合计算，就在某一个时间步内先计算流场，再将流场产生的压强等信息传递给固体求解方程，固体求解方程在此压强及其他载荷共同作用下求解物体的位移、变形等信息，并将位移场传递给流场边界，流场则再次计算在更新的流体边界状态下的流场，以此类推递归计算。直接求解法是将流场和结构场的控制方程耦合到同一个矩阵中进行求解，即同时求解流场和结构场的控制方程，同时求得结构场和流场。

针对流体，通常需要计算其流体自身的连续性方程：

$$\frac{\partial \rho}{\partial t}+\frac{\partial}{\partial x_j}(\rho u_j)=0 \tag{6-1}$$

式中：ρ 为流体密度，kg/m^3；t 为时间，s；u_j 为流体速度，m/s。

N-S 动量方程：

$$\frac{\partial \rho u_j}{\partial t}+\frac{\partial}{\partial x_j}(\rho u_i u_j)=-\frac{\partial}{\partial x_i}+\frac{\partial}{\partial x_j}(\tau_{ji}-\rho \overline{u}_i \overline{u}_j)+S_m \tag{6-2}$$

能量方程以及固体控制方程：

$$\rho \frac{\Delta v}{\Delta t}=\nabla \cdot \sigma+\rho g \tag{6-3}$$

式中：ρ 为密度，kg/m^3；v 为流体速度，m/s；t 为时间，s；σ 为柯西应力张量；g 为重力加速度；m/s^2。

将流体与固体的方程耦合到同一个矩阵方程中，并将对应流固耦合中位移、应力、压强等作为相等或者守恒变量。

利用动力学中成熟的显式算法，计算固体物料对缓冲器的冲击作用。其中结构广义动力学方程如式(6-4)所示。

$$M\ddot{u}+C\dot{u}+Ku=F(t) \tag{6-4}$$

式中：M 为质量矩阵；C 为阻尼矩阵；K 为刚度矩阵；$F(t)$ 为广义力向量。

显式算法归属于直接积分法，其不对运动方程进行任何变换，顾名思义，直接对运动方程进行积分求解。直接积分法的两个核心思想为：①在求解域 $0\leqslant t\leqslant T$ 内任何时刻，上述广义动力学方程都成立，因此，在相隔 Δt 的离散时间点 0，Δt，$2\Delta t$，… 上满足运动方程。②在各时间点上，假定位移 u、速度 $\dot{u}$ 和加速度 $\ddot{u}$ 的等效函数。

$$u_{t+\Delta t}=u_t+\dot{u}_t \Delta t+\frac{1}{2}\ddot{u}_t \Delta t^2 \tag{6-5}$$

$$\dot{u}_{t+\Delta t}=\dot{u}_t+\frac{1}{2}\ddot{u}_t \Delta t+\frac{1}{2}\ddot{u}_{t+\Delta t}\Delta t \tag{6-6}$$

将上述位移和速度方程代入广义动力学方程，消元等效可得下个时刻的位移解，如式(6-6)所示。由位移结果经应变转换矩阵变换可得应变结果，进而经弹性矩阵变换可得应力结果。

$$\left(\frac{1}{\Delta t^2}M+\frac{1}{2\Delta t}C\right)u_{t+\Delta t}=Q-\left(K-\frac{2}{\Delta t^2}M\right)u_t-\left(\frac{1}{\Delta t^2}M-\frac{1}{2\Delta t}C\right)u_{t-\Delta t} \tag{6-6}$$

式中：M、C、K 分别为质量矩阵、阻尼矩阵和刚度矩阵，Q 为外荷载向量。

同时，在计算不同粒径下固体物料的冲击作用的基础上，可以考虑多粒径多组分对缓冲器的冲击作用。此处需要采用离散元法模拟连续不断的颗粒冲击。

离散元法是专门用来解决不连续介质问题的数值模拟方法。该方法把固体物料看作一种不连续的离散介质。离散元法的一般求解过程为：将求解空间离散为离散元单元阵，并根据实际问题用合理的连接元件将相邻两单元连接起来；单元间相对位移是基本变量，由力与相对位移的关系可得到两单元间法向和切向的作用力；对单元在各个方向上与其他单元间的作用力以及其他物理场对单元作用所引起的外力求合力和合力矩，根据牛顿运动第二定律可以求得单元的加速度；对其进行时间积分，进而得到单元的速度和位移。从而得到所有单元在任意时刻的速度、加速度、角速度、线位移和转角等物理量。

6.1.2　计算几何模型

在仿真计算的投放管模型中，投放管的高度为 600.8 m，双金属耐磨复合管 $\phi580$ mm×

（20+35）mm，内径 470 mm，外层无缝钢管材料选择 Q345 钢，厚度 20 mm，内层选择高耐磨合金（KMTBCr28）材料，厚度为 35 mm，每米管重约 711.72 kg。

缓冲稳压硐室剖面图如图 6.1-1 所示，结合硐室截面及缓冲器尺寸建立整体模型，如图 6.1-2 所示，其中硐室周围为混凝土结构，蓄能缓冲器采用冲击韧性较好的铸钢，其屈服强度达到 930 MPa 以上，延伸率达到 12%。考虑到侧硐室距离硐室较远，无论是固体物料下落的空气流场还是后期固体物料冲击到缓冲器上的冲击波都不会影响到侧室结构，因此此处忽略侧硐室。硐室内部模型细节如图 6.1-3 所示。

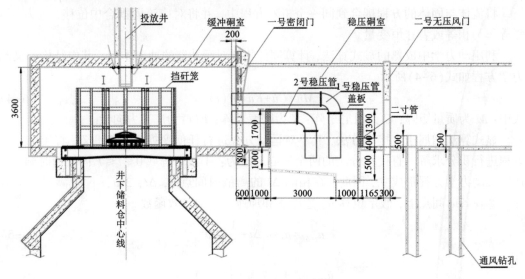

图 6.1-1　缓冲稳压硐室剖面图

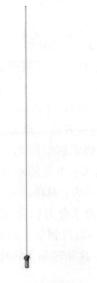

图 6.1-2　硐室整体模型

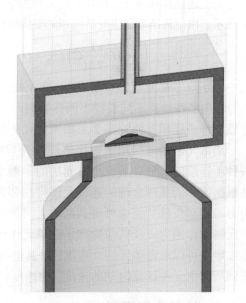

图 6.1-3　硐室内部模型细节

此处考虑将整个模型分解为两部分：投放通道和硐室，如图 6.1-4 所示。在投放通道内计算固体物料的下落过程，在硐室内计算固体物料冲击缓冲器的过程。

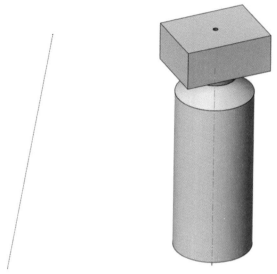

图 6.1-4　投放通道和硐室分体模型

6.1.3　计算过程分析

LS-DYNA 是美国国家实验室主持开发的功能齐全的多功能仿真计算求解程序，其以拉格朗日算法为主，兼具欧拉 Euler 和 ALE 算法；能同时进行显式或者隐式计算，也能进行多物理场的耦合仿真计算，其最大优点是所有显式、隐式计算，流场、结构场求解等均使用同一个求解器，因此计算效率非常高。

投放通道内流固耦合仿真计算模型如图 6.1-5 所示，通道外侧是钢材，由于通道气体对于结构的作用不会太大，因此此处采用线性钢材即杨氏模量为 210 GPa、密度为 7850 kg/m³ 的钢材。通道内部为空气，空气密度为 1.25 kg/m³。由于石头材质多类，密度、杨氏模量有一定的差异，此处采用的石头密度为 2400 kg/m³、杨氏模量为 20 GPa。

6.2　矸石垂直下落过程仿真

此处主要关注固体物料对空气、空气对侧壁的影响，因此此处不再考虑建造期间侧壁已经承受的重力的影响，仅将重力施加在固体物料上，使得固体物料在重力和空气共同作用下运动。

在矸石垂直下落仿真计算过程中，空气阻力对矸石的作用力随时间变化的关系是重要的考量因素，矸石下落过程中发生的偏移、翻转和与管壁的碰撞都与空气阻力有关。

6.2.1　矸石投放过程相似模拟分析

理想的计算过程是将所有粒径的矸石在 600 余米长的投放管中的投放过程都模拟出来，但是如果将所有粒径的矸石都模拟的话会将计算模型建得很大，同时模型的计算时间

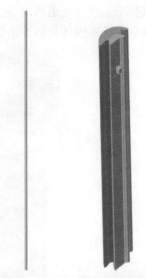

图 6.1-5 投放管流固耦合模型

比较长，进而导致仿真非常耗时。因此此处采用计算一个固体物料直径的，并对其进行拟合，然后将拟合的结果与实际仿真的结果进行对比，验证拟合与仿真的相似性。图 6.2-1所示为某固体物料下落速度拟合曲线。实线是仿真得到的结果，可以看出其匀速阶段的速度大致为 10 m/s，通过三次项拟合，发现拟合的精度已经非常高，后续曲线同样采用三次项函数进行拟合。

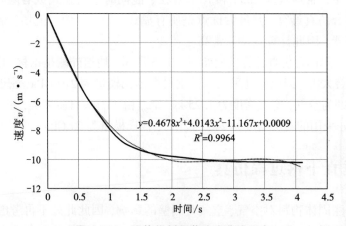

$$y=0.4678x^3+4.0143x^2-11.167x+0.0009$$
$$R^2=0.9964$$

图 6.2-1 固体物料下落速度曲线拟合

6.2.2 粒径 D=5 cm 矸石投放过程

图 6.2-2~图 6.2-4 所示为 ϕ5 cm 的固体物料下落过程中的云图及位移和速度变化曲线，从中可以看出固体物料在 2 s 时仍然未达到平衡。根据已经计算的固体物料下落速度曲线，利用三次项拟合得到固体物料的下落匀速阶段的速度大约为 18.6 m/s，拟合准确系数 R^2 为 1，如图 6.2-5 所示。

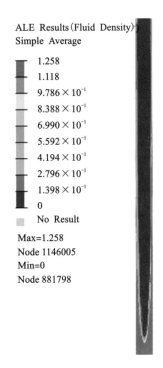

图 6.2-2　ϕ 5 cm 固体物料下落云图

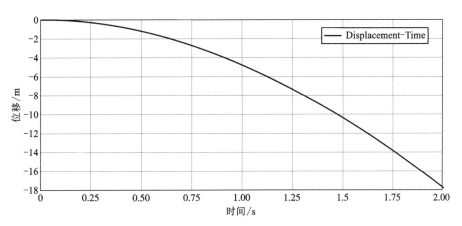

图 6.2-3　ϕ 5 cm 固体物料下落位移曲线

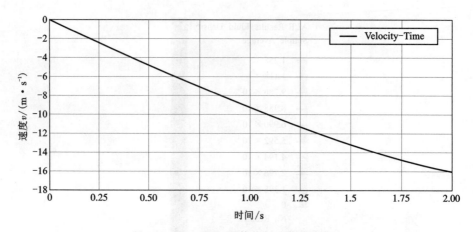

图 6.2-4　ϕ 5 cm 固体物料下落速度曲线

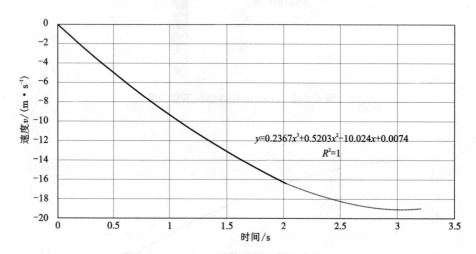

$y=0.2367x^3+0.5203x^2-10.024x+0.0074$
$R^2=1$

图 6.2-5　ϕ 5 cm 固体物料下落速度曲线拟合

6.2.3　粒径 D=4 cm 矸石投放过程

图 6.2-6～图 6.2-8 所示为 ϕ4 cm 的固体物料下落过程中的云图及位移和速度变化曲线,从中可以看出固体物料在 1.4 s 时仍然未达到平衡。根据已经计算的固体物料下落速度曲线,利用三次项拟合得到固体物料的下落匀速阶段的速度大约为 14 m/s,拟合准确系数 R^2 为 1,如图 6.2-9 所示。

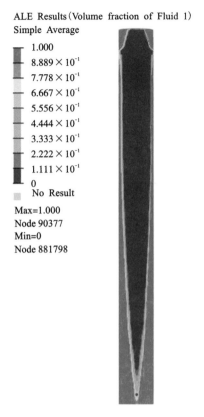

图 6.2-6　ϕ 4 cm 固体物料下落云图

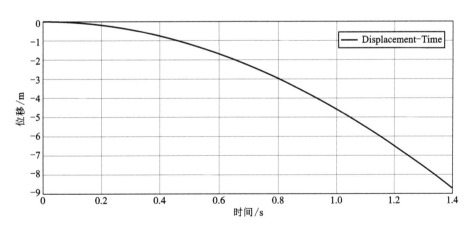

图 6.2-7　ϕ 4 cm 固体物料下落位移曲线

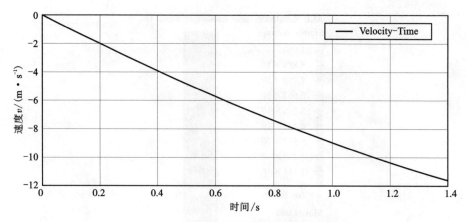

图 6.2-8　ϕ 4 cm 固体物料下落速度曲线

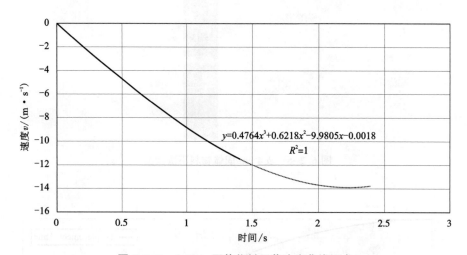

图 6.2-9　ϕ 4 cm 固体物料下落速度曲线拟合

6.2.4　粒径 D=3 cm 矸石投放过程

图 6.2.10~图 6.2.12 所示为 ϕ3 cm 的固体物料下落过程中的云图及位移和速度变化曲线，从中可以看出固体物料大约在 2.2 s 时重力和空气动力接近平衡。根据已经计算的固体物料下落速度曲线，利用三次项拟合的方法计算得到固体物料的下落匀速阶段的速度大约为 10.7 m/s，拟合准确系数 R^2 为 1，如图 6.2-13 所示。

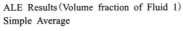

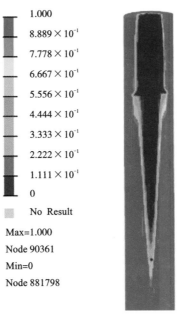

图 6.2-10　ϕ 3 cm 固体物料下落云图

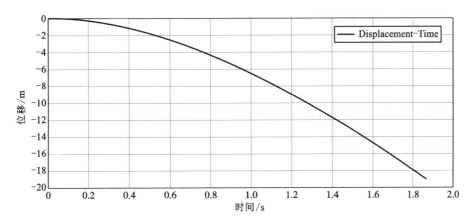

图 6.2-11　ϕ 3 cm 固体物料下落位移曲线

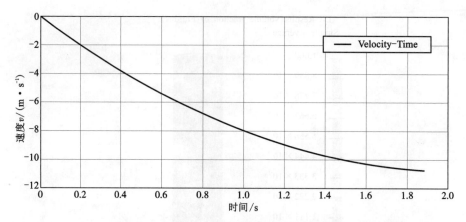

图 6.2-12 ϕ 3 cm 固体物料下落速度曲线

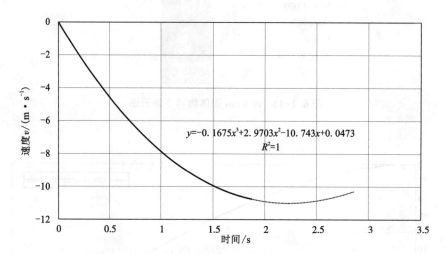

$y=-0.1675x^3+2.9703x^2-10.743x+0.0473$
$R^2=1$

图 6.2-13 ϕ 3 cm 固体物料下落速度曲线拟合

6.2.5 粒径 $D=2$ cm 矸石投放过程

图 6.2-14~图 6.2-16 所示为 ϕ2 cm 的固体物料下落过程中的云图及位移和速度变化曲线，从中可以看出固体物料大约在 1.5 s 时重力和空气动力基本保持平衡，固体物料保持竖直方向匀速运动。根据已经计算的固体物料下落速度曲线，利用三次项拟合得到固体物料的下落匀速阶段的速度大约为 7.2 m/s，拟合准确系数 R^2 为 0.9999，非常接近于 1，此时固体物料的速度幅值有轻微的波动，如图 6.2-17 所示。

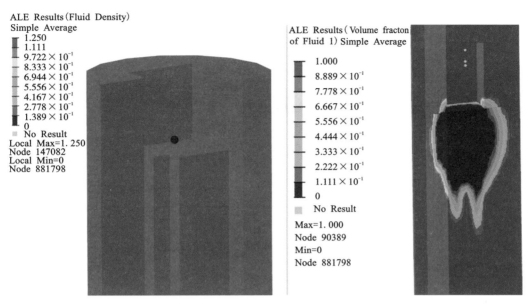

图 6.2-14　ϕ 2 cm 固体物料下落云图

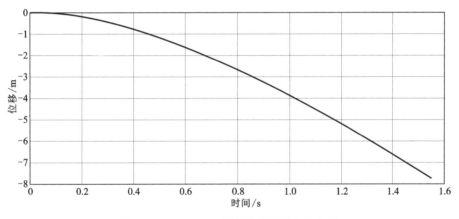

图 6.2-15　ϕ 2 cm 固体物料下落位移曲线

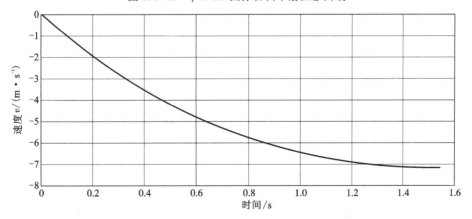

图 6.2-16　ϕ 2 cm 固体物料下落速度曲线

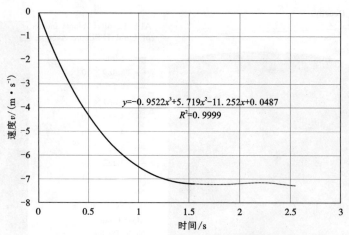

图 6.2-17 $\phi 2$ cm 固体物料下落速度曲线拟合

6.2.6 小结

分析固体物料的自由下落过程可以发现，固体物料在下落 13 m 左右，固体物料开始翻转，在下落到 30 m 左右固体物料开始与侧壁发生碰撞，碰撞侧壁时的竖直方向速度大概为 20 m/s。不同粒径的固体物料的下落过程中空气阻力与重力平衡时间点不相同，速度平衡后的值也不相同，从总体趋势上看随着固体物料的直径的增加，固体物料匀速运动的幅值也越大。

6.3 蓄能缓冲器冲击仿真

6.3.1 粒径 $D=2$ cm 矸石投放冲击

由前面的分析可以知道直径 $D=2$ cm 的固体物料的匀速运动阶段的速度是 7.2 m/s，所以仿真计算时将固体物料的直径调整到 $D=2$ cm 左右，并将其初速度设置为 7200 mm/s，即 7.2 m/s，如图 6.3-1 所示。

Scope	
Scoping Method	Geometry Selection
Geometry	1 Body
Definition	
Input Type	Velocity
Pre-Stress Environm...	None Available
Define By	Components
Coordinate System	Global Coordinate System
☐ X Component	0. mm/s
☐ Y Component	-7200. mm/s
☐ Z Component	0. mm/s
Suppressed	No

图 6.3-1 直径 $D=2$ cm 固体物料初速度设置

　　计算得到硐室内各部位发生的位移及应力云图如图 6.3-2~图 6.3-4 所示。固体物料冲击过程中先向下运动，然后发生碰撞并向上反弹和翻转。此过程中硐室变形范围非常小，一级防护罩和二级防护罩在固体物料的冲击下一起振动。硐室的最大应力发生在缓冲器与固体物料的接触部位，最大应力在下落 1 ms(此时间与建模相关可忽略具体值)后为 7 MPa，远未达到选用的抗缓冲钢材 42CrMo 的屈服强度。

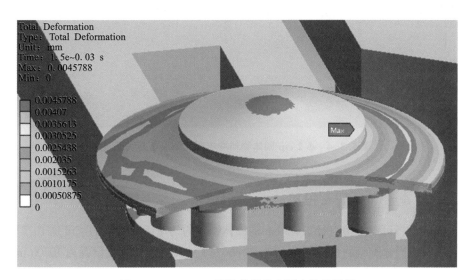

图 6.3-2 ϕ 2 cm 固体物料冲击硐室位移云图

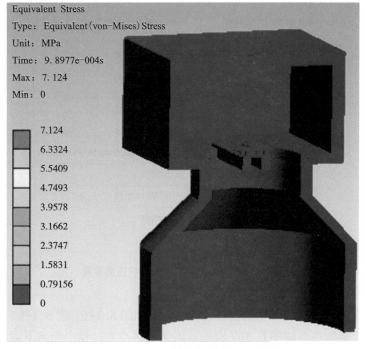

图 6.3-3 ϕ 2 cm 固体物料冲击硐室应力云图

图 6.3-4 ϕ 2 cm 固体物料冲击硐室耐磨板应力云图

6.3.2 粒径 D=3 cm 矸石投放冲击

由前面的分析可以知道直径 D=3 cm 的固体物料的匀速运动阶段的速度是 10.7 m/s，所以仿真计算时将固体物料的直径调整到 D=3 cm 左右，并将其初速度设置为 10700 mm/s，如图 6.3-5 所示。

Scope	
Scoping Method	Geometry Selection
Geometry	1 Body
Definition	
Input Type	Velocity
Pre-Stress Environment	None Available
Define By	Components
Coordinate System	Global Coordinate System
☐ X Component	0. mm/s
☐ Y Component	-10700 mm/s
☐ Z Component	0. mm/s
Suppressed	No

图 6.3-5 ϕ 3 cm 固体物料初速度设置

计算得到硐室内各部位发生的位移及应力云图如图 6.3-6、图 6.3-8、图 6.3-9 所示，一级耐磨板一点运动曲线如图 6.3-7 所示。固体物料冲击过程中先向下运动，然后发生碰撞并向上反弹和翻转。硐室的最大应力发生在缓冲器与固体物料的接触部位，最大应力为

28 MPa，远未达到选用的抗缓冲钢材 42CrMo 的屈服强度。

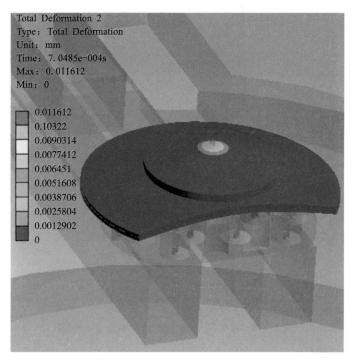

图 6.3-6　ϕ 3 cm 固体物料冲击硐室位移云图

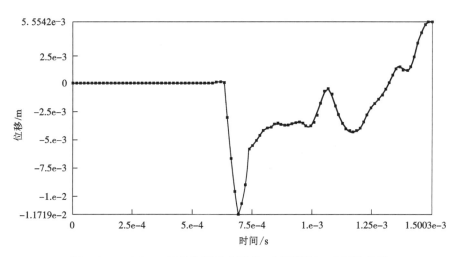

图 6.3-7　ϕ 3 cm 固体物料冲击硐室一级耐磨板一点运动曲线

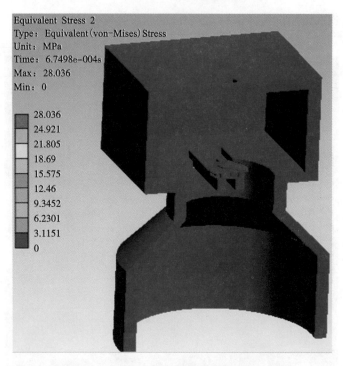

图 6.3-8   φ 3 cm 固体物料冲击硐室应力云图

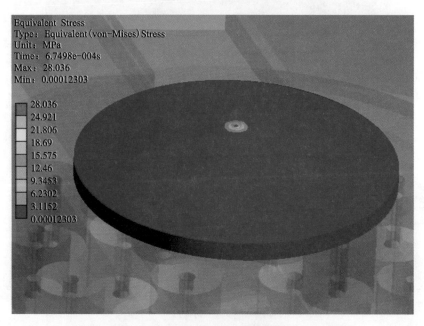

图 6.3-9   φ 3 cm 固体物料冲击硐室耐磨板应力云图

6.3.3   粒径 $D=4$ cm 矸石投放冲击

由前面的分析可以知道直径 $D=4$ cm 的固体物料的匀速运动阶段的速度是 14 m/s, 所以仿真计算时将固体物料的直径调整到 $D=4$ cm 左右, 并将其初速度设置为 14000 mm/s,

即 14 m/s，如图 6.3-10 所示。

Scope	
Scoping Method	Geometry Selection
Geometry	1 Body
Definition	
Input Type	Velocity
Pre-Stress Environment	None Available
Define By	Components
Coordinate System	Global Coordinate System
☐ X Component	0. mm/s
☐ Y Component	-14000 mm/s
☐ Z Component	0. mm/s
Suppressed	No

图 6.3-10　ϕ 4 cm 固体物料初速度设置

　　计算得到碉室内各部位发生的位移及应力云图如图 6.3-11、图 6.3-12、图 6.3-14、图 6.3-15 所示。一级耐磨板一点运动曲线如图 6.3-13 所示。固体物料冲击过程中先向下运动，然后发生碰撞并向上反弹和翻转。此过程中碉室自身最大变形量为 0.038 mm，变形范围非常小。碉室的最大应力发生在缓冲器与固体物料的接触部位，最大应力为 83 MPa，远未达到选用的抗缓冲钢材 42CrMo 的屈服强度。

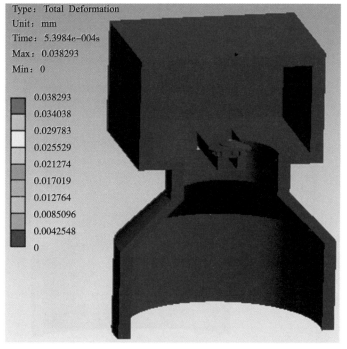

图 6.3-11　ϕ 4 cm 固体物料冲击碉室位移云图

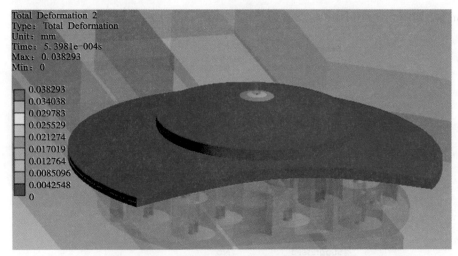

图 6.3-12 φ4 cm 固体物料冲击碉室位移云图

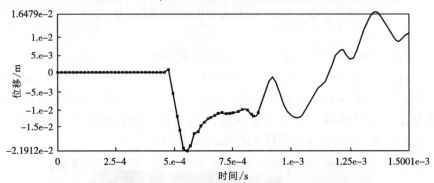

图 6.3-13 φ4 cm 固体物料冲击碉室一级耐磨板一点运动曲线

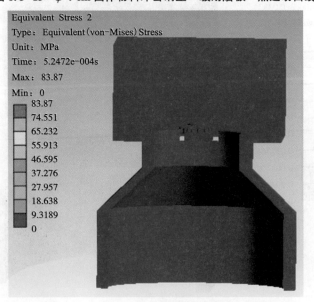

图 6.3-14 φ4 cm 固体物料冲击碉室应力云图

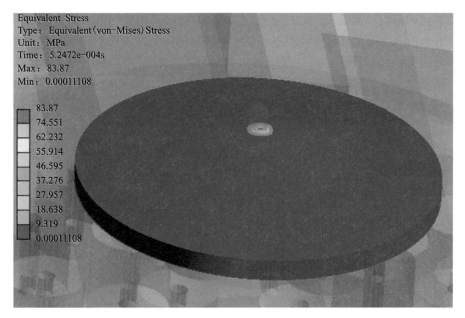

图 6.3-15　φ4 cm 固体物料冲击硐室耐磨板应力云图

6.3.4　粒径 D=5 cm 矸石投放冲击

由前面的分析可以知道直径 $D=5$ cm 的固体物料的匀速运动阶段的速度是 18.6 m/s，所以仿真时将固体物料的直径调整到 $D=5$ cm 左右，并将其初速度设置为 18600 mm/s，即 18.6 m/s，如图 6.3-16 所示。

Scope	
Scoping Method	Geometry Selection
Geometry	1 Body
Definition	
Input Type	Velocity
Pre-Stress Environment	None Available
Define By	Components
Coordinate System	Global Coordinate System
☐ X Component	0. mm/s
☐ Y Component	-18600 mm/s
☐ Z Component	0. mm/s
Suppressed	No

图 6.3-16　φ5 cm 固体物料初速度设置

　　计算得到硐室内各部位发生的位移及应力云图如图 6.3-17、图 6.3-19、图 6.3-20 所示，一级耐磨板一点运动曲线如图 6.3-18 所示。固体物料冲击过程中先向下运动，然后发生碰撞并向上反弹和翻转。此过程中硐室自身最大变形量为 0.06 mm，变形范围非常小。硐室的最大应力发生在缓冲器与固体物料的接触部位，最大应力为 115 MPa，远未达到选用的抗缓冲钢材 42CrMo 的屈服强度。

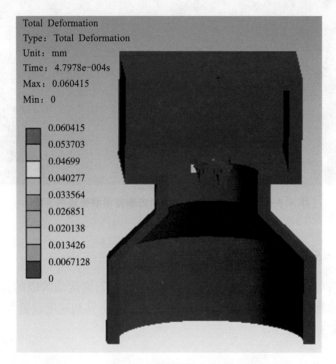

图 6.3-17　ϕ 5 cm 固体物料冲击硐室位移云图

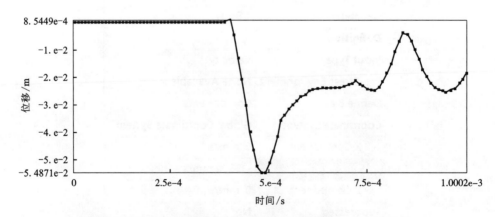

图 6.3-18　ϕ 5 cm 固体物料冲击硐室一级耐磨板一点运动曲线

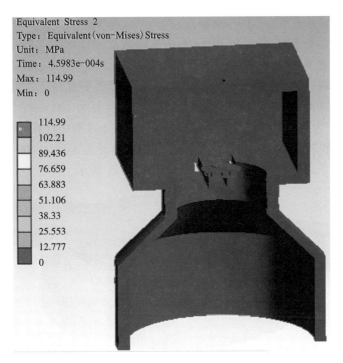

图 6.3-19　ϕ 5 cm 固体物料冲击硐室应力云图

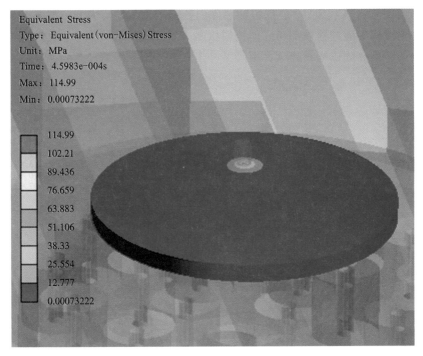

图 6.3-20　ϕ 5 cm 固体物料冲击硐室耐磨板应力云图

6.3.5　多粒径矸石投放冲击

固体物料粒径多分布在 φ3～50 mm，不妨选用离散元计算均匀分布下的粒径冲击作用。每小时物料投送 5 t，计算得到每秒投送 139 kg。将底座约束，减震梁与底座绑定接触，其他包含耐磨钢、上下连接板、弹性支撑座、防护罩等装置相互之间设定为绑定连接。在圆拱中心正上方 300 mm 处设定固体物料出口，出口半径为 100 mm，固体物料直径均匀分布在 3～50 mm。为兼顾固体物料下落的极端工况，在 6.3 节中计算的固体物料下落速度的基础上，统一各粒径固体物料与缓冲器冲击时的竖直冲击速度为 100 m/s，用离散元计算多粒径固体物料下落连续冲击缓冲器模型如图 6.3-21 所示。

图 6.3-21　用离散元计算多粒径固体物料下落连续冲击缓冲器模型

计算得到固体物料下落时，底部缓冲部件内各部位发生的应力云图如图 6.3-22 所示，固体物料冲击过程中缓冲器顶部与固体物料接触位置间或有较大应力，其他支撑位置应力较小可以不予考虑。固体物料连续稳定降落冲击缓冲器时，随着坠落位置的不同，最大应

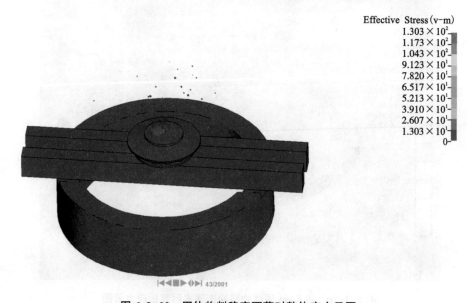

Effective Stress(v-m)
1.303×10^{2}
1.173×10^{2}
1.043×10^{2}
9.123×10^{1}
7.820×10^{1}
6.517×10^{1}
5.213×10^{1}
3.910×10^{1}
2.607×10^{1}
1.303×10^{1}
0

43/2001

图 6.3-22　固体物料稳定下落时整体应力云图

力位置也有所不同，提取连续 3 帧缓冲器应力云图（如图 6.3-23 所示），最大应力为 130 MPa 左右，并提取缓冲器中心一个单元的应力结果时域曲线（如图 6.3-24 所示），其最大应力除个别峰值达到 140 MPa 以外，基本稳定在 100 MPa 以内，远未达到选用的抗缓冲钢材 42CrMo 的屈服强度 930 MPa。

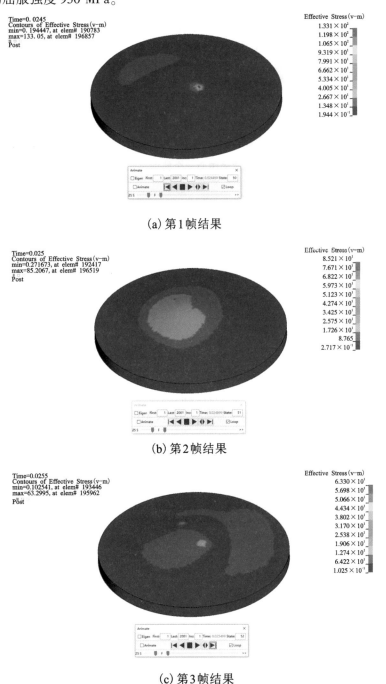

（a）第 1 帧结果

（b）第 2 帧结果

（c）第 3 帧结果

图 6.3-23　固体物料稳定下落时缓冲器应力云图（连续 3 帧）

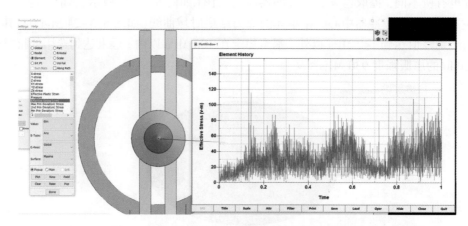

图 6.3-24　缓冲器中心一个典型单元的应力结果

6.3.6　小结

通过分析不同粒径固体物料下落冲击硐室缓冲器以及多粒径固体物料连续冲击硐室缓冲器的影响，不难看出随着粒径的增加，缓冲器受到的冲击作用增加。但不论是单粒径冲击还是多粒径连续冲击，在直径小于 5 cm 的固体物料冲击范围内，缓冲器应力最大不超过 150 MPa，远低于材料屈服强度，整体结构均在线弹性范围内。

在向投放管中投放固体物料的过程中，在重力作用下，固体物料前期做自由落体运动，随着固体物料速度的增加，空气阻力对其产生的影响逐步加大，固体物料的加速度逐步减小，最后固体物料重力和空气阻力趋于平衡，从而使得固体物料保持匀速运动。根据固体物料密度的不同，固体物料匀速运动阶段的速度在 48~70 m/s。固体物料在下落过程中通过挤压空气给侧壁造成影响的最大应力为 0.28 MPa，非常小，几乎可以忽略不计。而固体物料在下落到最后阶段与缓冲器发生冲击碰撞，不同固体物料的下落速度不同，携带冲击能量不同，导致的应力和变形也不相同。随着固体物料直径的增加，冲击带来的缓冲器应力增加。最大直径 $D=5$ cm 的固体物料使得缓冲器的应力达到 115 MPa，应力小于材料的屈服强度。连续的固体物料碰撞缓冲器时，缓冲器应力最大不超过 150 MPa，远低于材料屈服强度，整体结构均在线弹性范围内，结构可靠。

第 7 章

工作面高效排矸技术

7.1 充填工作面岩层移动规律数值计算

7.1.1 不同充实率条件下采场覆岩移动规律

基于基本理论分析与实验室实验研究结果，采用 FLAC3D 数值模拟软件对葫芦素煤矿 CT21201 固废排放充填采煤工作面开采过程中不同充实率条件下的围岩移动规律进行模拟，并结合不同充实率开采条件下围岩移动特征确定合理充实率范围；通过模拟不同充实率条件下回采巷道围岩扰动情况，进一步控制合理充实率范围；通过合理充实率范围内的数值计算结果，划定开采中采场"小结构"的实际岩层扰动圈，为支架支护强度和工作阻力的确定建立计算基础。

1. 模型建立

CT21201 工作面位于葫芦素井田 2-1 煤二盘区中部，该工作面面宽 80 m，工作面两边巷道各宽 5.4 m，埋深 630~640 m。煤层倾角为 -3°~ +3°，属于近水平煤层，煤层平均厚度为 3.2 m，容重为 1.31 t/m³。模型 X 方向长度为 170.8 m，包括工作面 80 m、工作面两边巷道各宽 5.4 m 及左右煤柱各 40 m；Y 方向长度为 400 m，其中包括工作面推进长度 300 m 以及工作面前后端各 50 m 的煤柱；模型高 121.2 m，包括底板 20 m、煤层 3.2 m 和顶板 98 m。通过在模型上表面施加垂直向下的载荷模拟其上位岩层的压力，岩层屈服准则采用莫尔-库伦模型。在网格划分过程中，对煤层及其附近岩层进行网格加密处理，以保证模拟结果的准确性，对远离煤层的岩层适当降低网格密度，在保证模拟精确度的条件下节省运算时间。模型共划分为 364000 个单元、389722 个节点，三维模型的网格划分如图 7.1-1 所示。本次采用的模型中各煤岩层的物理力学参数依据中天合创葫芦素矿的钻孔柱状图以及相应的煤岩体力学实验测试结果确定，岩层屈服准则采用莫尔-库伦模型。

在该模型上表面施加 13.50 MPa 竖直向下的载荷，即埋深为 540 m 处的覆岩等效载荷，上表面可在覆岩等效载荷作用下自由下沉；固定该模型的下表面并对该模型四周进行水平位移约束，如图 7.1-2 所示。

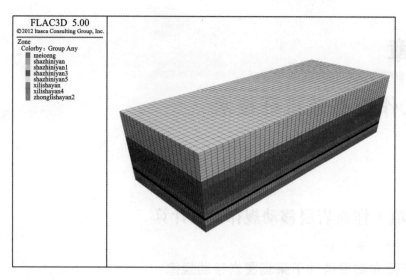

图 7.1-1　数值模拟模型示意图

结合葫芦素矿 CT21201 工作面的地质条件，在模型上表面施加载荷和竖直向下的重力加速度模拟初始地应力场，模型侧压系数为 1.0，在形成符合工程现场条件的初始应力场之后，进行巷道开挖、煤层开采、充填等工序。

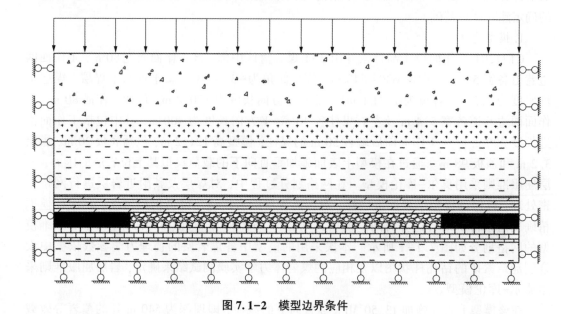

图 7.1-2　模型边界条件

2. 模拟方案

根据 CT21201 工作面的 2-1 煤层赋存条件，结合布置充填工作面时的井下现场调研结果，确定采高为 3.20 m、采深为 640 m。模型达到应力平衡后，开挖采场两侧巷道，然后依据等价采高理论与实验结果，调节充填体的物理力学参数及充填高度，模拟充实率为 50%、60%、70%、80%、90%的充填开采过程。在模拟过程中，通过应用 FLAC3D 内置的 Fish 语言控制工作面的开挖与充填，依据工程现场采煤机截深为 0.6 m，工作面每次开挖 3.6 m，共开挖 100 次。在确保模拟准确性的基础上，每次按相同的步数求解。在数值模拟计算过程中主要监测和分析以下几方面的内容。

（1）不同充实率条件下工作面推进过程中采场覆岩塑性区发育规律；

（2）不同充实率条件下工作面推进过程中采场覆岩移动变形演化规律；

（3）不同充实率条件下工作面推进过程中采场覆岩垂直应力演化规律。

3. 不同充实率条件下采场覆岩塑性区发育特征

（1）充实率为 50%时的采场覆岩塑性区演化规律

当充实率为 50%、初始等价采高为 1.60 m 时，充填工作面由开切眼往前推进 60 m、120 m、180 m、300 m 的过程中围岩塑性区分布随工作面推进变化云图如图 7.1-3 所示。

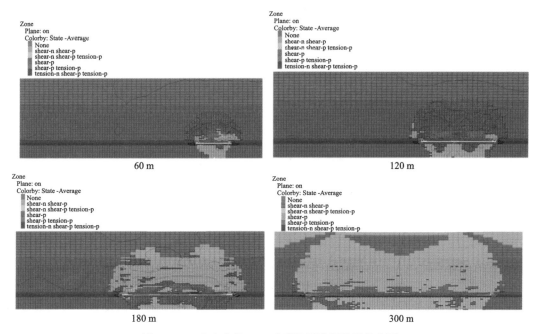

图 7.1-3　充实率为 50%时采场围岩塑性区分布图

由图 7.1-3 塑性区分布云图可以看出，当工作面回采 60 m 时，采空区上方的塑性区类似拱形状不断向上发育，工作面上方最高发育高度扩展至基本顶上方 50 m 左右，此时的岩层破坏方式比较单一，主要以剪切破坏为主，在开切眼后端与工作面前端岩层破坏较为剧烈。随着工作面的回采，塑性区不断向上位岩层发育，形状由初始的似拱形状逐渐演化为马鞍状，岩层的破坏方式也呈现多样化。总的来说，在直接顶与基本顶处以剪切破坏与张拉破坏的复合破坏为主，而离基本顶较远处的塑性区还是以剪切破坏为主。当工作面回采到 180 m，塑性区发育已全覆盖亚关键层，并不断地向主关键层深入，说明亚关键层已弱化。当工作面回采300 m时塑性区发育已至主关键层内部，发育高度扩展至基本顶上方78 m左右，工作面正上方50 m左右，塑性区发育高度已接近模型顶层，并还有不断向上发育的趋势。

（2）充实率为60%时的采场覆岩塑性区演化规律

当充实率为60%、初始等价采高为1.28 m时，充填工作面由开切眼往前推进60 m、120 m、180 m、300 m的过程中围岩塑性区分布随工作面推进变化云图如图7.1-4所示。

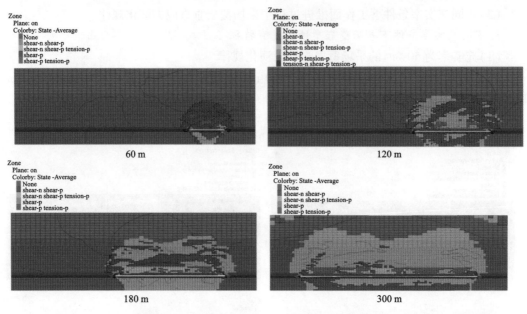

图7.1-4　充实率为60%时采场覆岩塑性区分布图

由图7.1-4塑性区分布云图可以看出，在采空区固废充实率为60%的条件下，工作面回采60 m时，采空区上方拱形状塑性区发育范围相对50%充实率时要小，发育高度扩展至基本顶上方42 m左右。随着工作面的不断向前推进，塑性区发育范围不断扩大。当工作面推进至120 m处时，塑性区的整体发育形状还是近似于拱形状，但发育范围与高度不断加大，岩层的破坏方式也呈现多样化。当工作面回采到180 m，塑性区形状由初始的似拱形状演化为马鞍状，马鞍状两侧的凸起相对同等条件下50%充填率时较为平缓。塑性区发育已全覆盖亚关键层，说明亚关键层已发生弱化。工作面回采300 m时塑性区发育已至主关键层中部，说明主关键层处覆岩已发生弱化。

综上，当充实率为60%时，由充填开采引起的围岩塑性区发育范围及发育高度都低于50%充实率的条件下，故充实率为60%时对采场围岩的损伤程度小于充实率为50%的条件。但当工作面回采300 m以后，其塑性区已发育至主关键层中部，已对主关键层造成了损伤，不利于留巷的稳定性。

（3）充实率为70%时的采场覆岩塑性区演化规律

当充实率为70%、初始等价采高为0.96 m时，充填工作面由开切眼往前推进60 m、

120 m、180 m、300 m 的过程中围岩塑性区分布随工作面推进变化云图如图 7.1-5 所示。

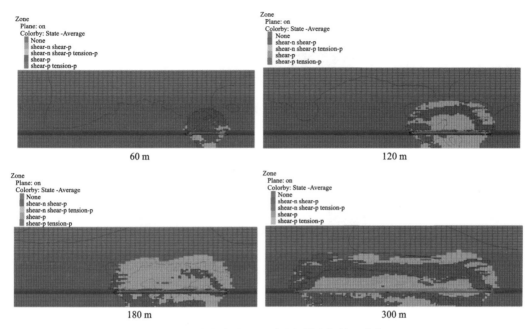

图 7.1-5　充实率为 70% 时采场覆岩塑性区分布图

由图 7.1-5 塑性区分布云图可以看出，在固废充实率为 70% 的条件下，工作面往前回采 60 m 时，其塑性区发育范围明显小于同等条件下 50% 与 60% 的充实率情况，开切眼处与工作面煤壁处岩层破坏剧烈程度大大减小，顶板岩层以剪切破坏为主，扰动范围最高为基本顶上方 38 m 左右。当工作面回采 120 m 时，塑性区发育随着工作面的回采而不断沿着煤层走向方向与顶板方向发育，但是向上发育的高度较小，大概在基本顶上方 44 m 左右。当工作面回采至 180 m 处时，覆岩的塑性区发育状况由拱形状变为马鞍状，塑性区发育高度较小，离主关键层还有一定距离。当工作面向前回采 300 m 时，塑性区充分发育，但发育高度在主关键层下部，马鞍状起伏较小，岩层主要以剪切破坏为主。

综上可知，当采空区固废充实率达到 70% 时，能够较好地控制覆岩塑性区的发育高度，将塑性区发育高度控制在主关键层以下，主关键层不会发生弱化，从而减小了由主关键层断裂引起的对留巷的剧烈破坏现象。由数值模拟结果看出，在 CT21201 工作面地质条件下，当充实率达到 70% 及其以上时，能够达到良好的控制顶板下沉的效果。

（4）充实率为 80% 时的采场覆岩塑性区演化规律

当充实率为 80%、初始等价采高为 0.64 m 时，充填工作面由开切眼往前推进 60 m、120 m、180 m、300 m 的过程中围岩塑性区分布随工作面推进变化云图如图 7.1-6 所示。

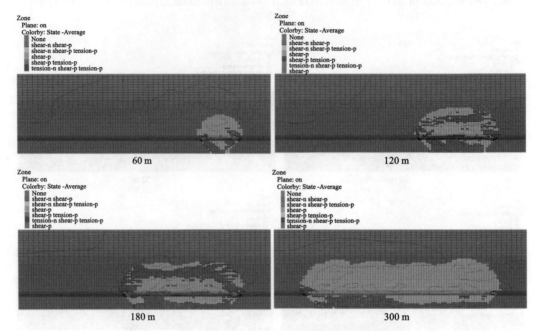

图 7.1-6　充实率为 80% 时采场覆岩塑性区分布图

由图 7.1-6 的塑性区分布云图可以看出，在固废充实率为 80% 的条件下，工作面往前回采 60 m 时，其塑性区发育范围相对同等条件下充实率为 70% 的时候要小，但是塑性区范围缩小不明显，工作面基本顶上方扰动范围为 32 m，破坏方式以单一剪切破坏为主。随着工作面的不断回采，塑性区不断地往上位岩层及煤层发育，但是塑性区整体向上发育高度较低，在工作面回采 300 m 以后，其塑性区发育高度控制在主关键层之下，距主关键层还有一定的距离，能够较好地保持主关键层的完整性与连续性，实现岩层低损伤开采，缓解采场矿压显现的烈度，提高采煤工作面的安全性与留巷的稳定性。

（5）充实率为 90% 时的采场覆岩塑性区演化规律

当充实率为 90%、初始等价采高为 0.32 m 时，充填工作面由开切眼往前推进 60 m、120 m、180 m、300 m 的过程中围岩塑性区分布随工作面推进变化云图如图 7.1-7 所示。

由图 7.1-7 可以看出，当充实率达到 90% 时，塑性区虽然随着工作面的不断回采而向煤层走向方向发育，但其发育高度相对较低，当工作面回采 300 m 时，塑性区向上发育最高处距主关键层较远，塑性区形成的拱形弧度相对平缓，未形成明显的马鞍形的塑性区，其扰动高度在基本顶以上 24 m。覆岩破坏形式以单一剪切破坏为主，未发生复合破坏形式。故当充实率达到 90% 及以上时，固废充填体对覆岩运移的控制效果最好，工作面不会有明显的来压现象。

综上所述，由不同充实率条件下的塑性区分布云图可知：

（1）随着工作面的不断推进，采场覆岩的塑性区不断沿着煤层走向与顶板方向发育。充实率越大，塑性区发育范围越小，向顶板方向发育高度越低。当充实率为 50%、60% 时，塑性区发育至主关键层内，工作面将形成剧烈的来压。当充实率为 70%、80% 时，塑性区

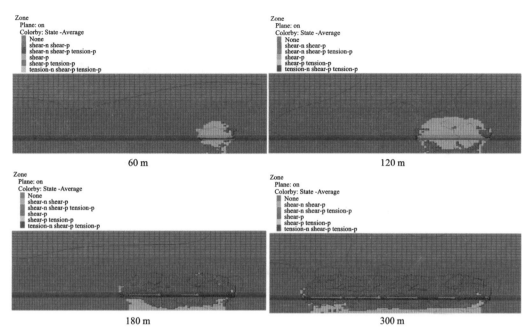

图 7.1-7　实率为 90% 时采场覆岩塑性区分布图

发育高度可控制在主关键层下位岩层区域，工作面上部岩层扰动范围为 32~38 m。当充实率为 90% 时，塑性区影响范围距主关键层较远，扰动范围为基本顶上部 24 m，确保了关键层的连续性、完整性与稳定性，故从塑性区发育分布状况来看，当充实率为 90% 时，最有利于岩层控制。但是固体充填开采留巷是个系统工程，还需结合采充效率、采场的应力场位移场等诸多因素进行综合分析。

（2）随着工作面不断向前推进，塑性区发育形状由拱形逐渐演化为马鞍形，当充填工作面推进距离小于 120 m 时，采场覆岩的塑性区发育形状为拱形，当工作面推进距离大于 180 m 时，采场顶板塑性区发育形状由原先的拱形演化为马鞍形。随着充实率的不断增加，塑性区拱形的幅度逐渐变小，马鞍形的起伏趋于平缓。说明随着充实率不断上升，由开采造成的岩层损伤程度逐渐减小。

（3）随着工作面的不断向前推进，岩层的破坏形式由单一破坏演变为多种破坏方式共存的复合破坏形式。复合破坏发生在直接顶附近处，单一破坏发生在塑性区顶部。随着充实率不断上升，顶板岩层破坏形式单一化、岩层弱化高度降低。

4. 不同充实率条件下采场覆岩应力分布规律

在固废充填采煤过程中，研究不同充实率条件下的覆岩应力分布状态对岩层控制及提高充填留巷稳定性都具有重要意义。FLAC3D 数值模拟能够直观地呈现出采场的应力分布状态，对工程实践具有良好的指导意义。当充实率不同时，采场覆岩应力场分布、超前支承压力的峰值及其影响范围、应力集中系数都有一定的差异。本节通过模拟固废充实率为 50%、60%、70%、80%、90% 条件下工作面推进不同距离时采场围岩应力分布状态，研究有利于提高留巷稳定性的合理充实率，模拟结果如图 7.1-8~图 7.1-12 所示。

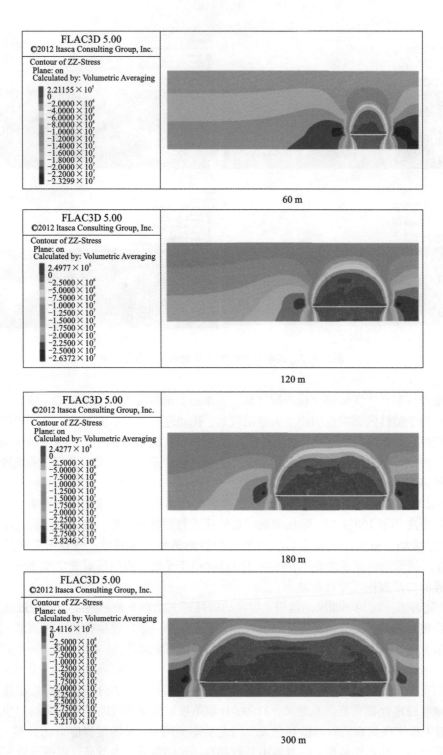

图7.1-8　充实率为50%时采场围岩应力分布云图

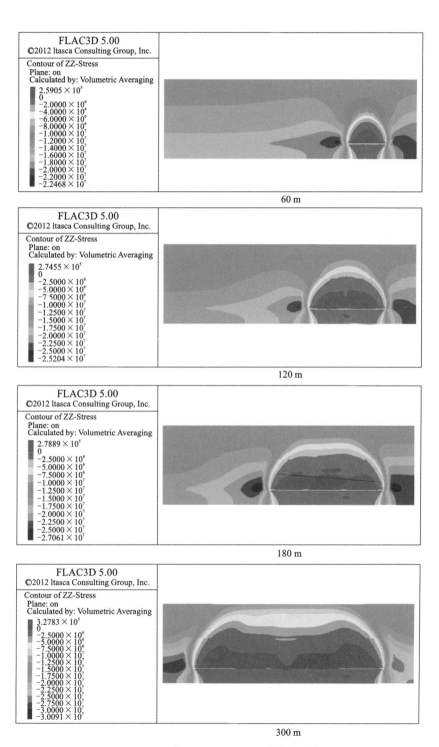

图 7.1-9　充实率为 **60%** 时采场围岩应力分布云图

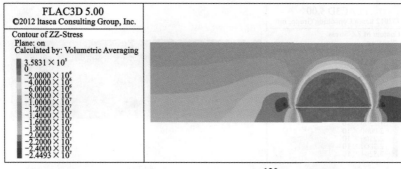

60 m

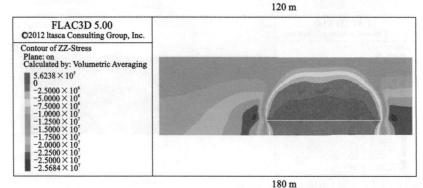

120 m

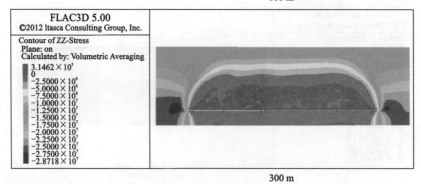

180 m

300 m

图 7.1-10　充实率为 70%时采场围岩应力分布云图

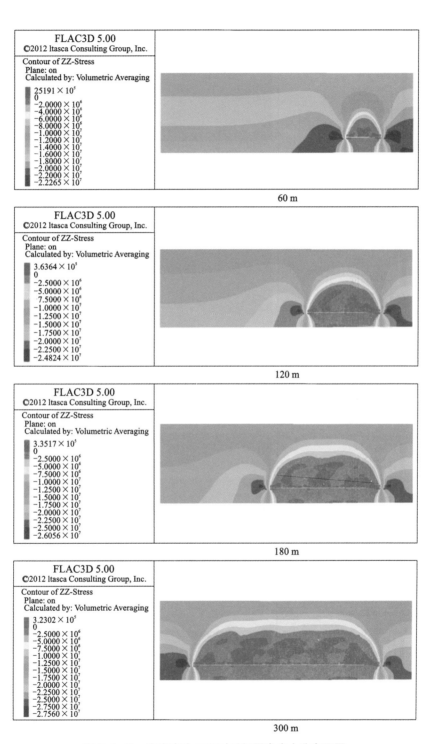

图 7.1-11 充实率为 80%时采场围岩应力分布云图

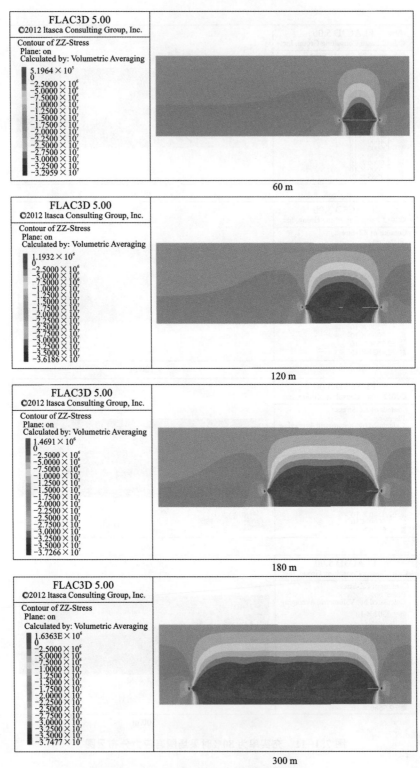

图 7.1−12 充实率为 90% 时采场围岩应力分布云图

　　基于本次数值模拟计算结果，当充填工作面回采 300 m 时，充实率为 50%、60%、70%、80%、90% 条件下超前支承压力峰值、应力集中系数及距离工作面距离统计如表 7.1-1 所示。

表 7.1-1　不同充实率条件下超前支承压力峰值、应力集中系数及距离工作面距离统计表

充实率/%	超前支承压力峰值/MPa	应力集中系数	距离工作面距离/m
50	32.17	2.04	16.32
60	30.10	1.91	13.21
70	28.72	1.82	11.35
80	27.56	1.75	7.68
90	29.48	1.85	4.08

　　综合以上内容分析可知：

　　(1) 在固废充填工作面不断往前推进过程中，原岩应力平衡状态不断被打破，使得应力不断向着更深处的煤岩体与采空区固废充填体转移。在应力不断转移过程中，距离工作面煤壁前方 4~20 m 处形成应力急剧增高区，然后沿工作面的推进方向缓慢降低，最后接近于原岩应力，工作面后方的固废充填采空区上方覆岩的应力成拱形发育，拱形应力区发育高度及范围都随着充实率的提升而减小，但其应力峰值随着充实率的提升而增大。

　　(2) 不同充实率条件下的应力分布存在较大差异，当充实率为 50%~80% 时，随着充实率的不断提升，超前支承压力峰值随之减小，应力峰值点离工作面越来越近。当充实率为 50% 时，超前支承压力峰值为 32.17 MPa，距离工作面近 16.32 m；当充实率增加到 80% 时，超前支承压力峰值为 27.56 MPa，距离工作面近 7.68 m，应力峰值降低 4.61 MPa，峰值点沿工作面移近距离为 8.64 m。

　　(3) 当充实率为 90% 时，虽然处在工作面前端的应力增高区范围有所减小，但超前支承压力峰值相对于 80% 没有减小，反而有所增大。当充实率较高时，等价采高变小，采空区内的固废充填体对顶板提供良好的支撑作用，限制顶板岩层的纵向移动和回转，保持了顶板的完整性与连续性的同时，覆岩应力不断传递到工作面前端及开切眼后端煤壁处并不断累积，造成了应力集中，从而容易形成片帮、冒顶等事故，不利于留巷的稳定。

　　综上，较低的充实率不利于为留巷创造良好的围岩应力环境。当充实率为 80% 时，能够形成良好的围岩应力分布状态，提高留巷的稳定性与可靠性。当充实率低于 70% 时，超前支承压力较大而且影响范围广，当充实率高于 90% 时，超前支承压力影响范围小，但是峰值较大。

　　5. 不同充实率条件下采场覆岩移动特征

　　本小节将结合数值模拟结果，对采空区固废充实率为 50%、60%、70%、80%、90% 条件下工作面不断推进过程中的覆岩移动特征进行分析。

　　当充实率为 50%、等价采高为 1.60 m 时，工作面推进 60 m、120 m、180 m、240 m、300 m 时覆岩垂直位移云图和直接顶位移云图如图 7.1-13 所示。

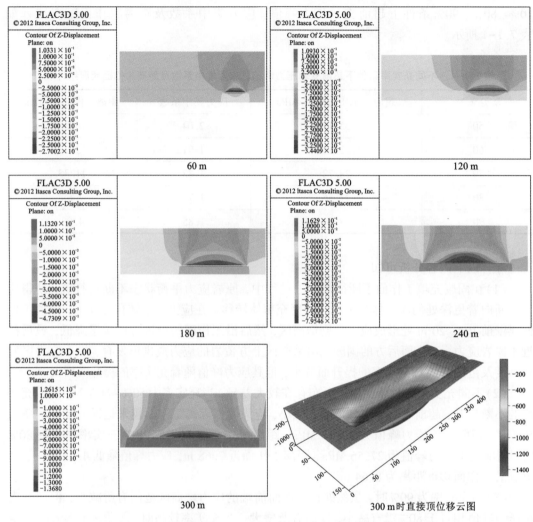

图 7.1-13　充实率为 50% 时覆岩垂直位移云图和直接顶位移云图

由图 7.1-13 可知：当充实率为 50% 时，在工作面的不断推进过程中，其上覆各岩层的垂直位移量不断变大。当工作面回采 60 m 时，其直接顶与基本顶的下沉量分别接近 270 mm 和 250 mm；当工作面回采 300 m 时，覆岩最大垂直位移量为 1368 mm，其直接顶、基本顶、亚关键层、主关键层处均发生了不同程度的位移突变且主关键层处的垂直位移为 900 mm 左右，可知主关键层及以下的岩层已发生破断。顶板的大面积破断下沉释放出的能量将传递到留巷处，破坏留巷的稳定性。当主关键层发生垮落时，主关键层及其上覆岩层会发生大范围的破断，释放出大量能量对留巷进行多次冲击，降低留巷稳定性的同时，可能会引发留巷内的动压灾害，故存在一定的安全隐患。综上，50% 的固废充实率不能实现岩层低损伤开采，对留巷变形影响较大，而且还存在一定的安全隐患。

当充实率为 60%、等价采高为 1.28 m 时，工作面推进 60 m、120 m、180 m、240 m、

300 m 时覆岩垂直位移云图以及直接顶位移云图如图 7.1-14 如所示。

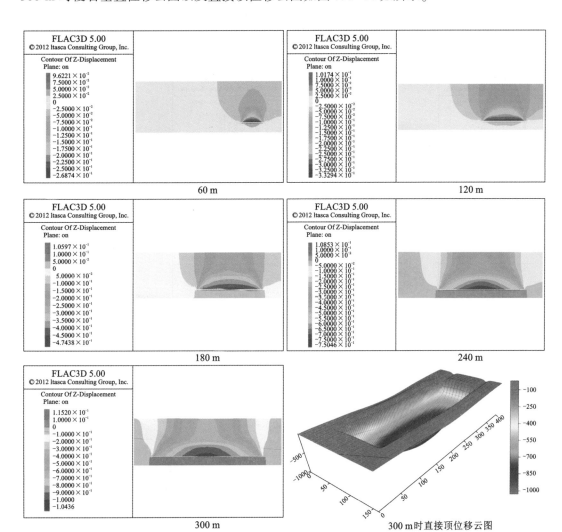

图 7.1-14　充实率为 60% 时覆岩垂直位移云图和直接顶位移云图

由图 7.1-14 可知：当固废充实率为 60% 时，顶板覆岩垂直位移量随着工作面回采而不断增加。覆岩最大垂直位移由工作面回采 60 m 时的 269 mm 增加到工作面回采 300 m 时的 1044 mm，最大垂直位移发生在充填采空区的几何中心位置处。当工作面回采 60 m 时，其覆岩垂直位移场近似于充实率为 50% 时的，但当工作面回采 300 m 时，充实率为 60% 的最大垂直位移量比 50% 充实率时最大垂直位移量小 326 mm，说明随着充实率的上升，固废充填体逐渐限制了顶板覆岩沉降。当固废充实率为 60% 时，主关键层处的垂直位移较小，但是亚关键层处垂直位移较大而且发生了位移突变，故可说明亚关键层处已发生破断，同样也会对留巷造成剧烈的冲击。故 60% 的固废充实率在顶板破断时对留巷造成的冲击性相对 50% 充实率时较小，但是由于亚关键层破断也会带来剧烈冲击，故不利于留巷的稳定性。

当充实率为 70%、等价采高为 0.96 m 时，工作面推进 60 m、120 m、180 m、240 m、300 m 时覆岩垂直位移云图及直接顶位移云图如图 7.1-15 所示。

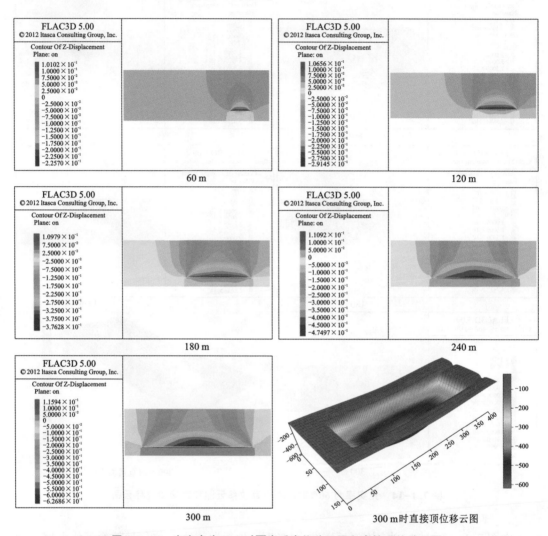

图 7.1-15　充实率为 70%时覆岩垂直位移云图和直接顶位移云图

当充实率为 70%时，直接顶下沉量由工作面回采 60 m 时的 226 mm 增加到工作面回采 300 m 时的 627 mm。直接顶与基本顶处存在较大位移而且存在位移突变的现象，但是亚关键层与主关键层处位移较小，且不存在位移突变的区域。说明当采空区充实率为 70%时，直接顶与基本顶会发生破断，但是其亚关键层与主关键层能够保持连续性，表现为弯曲下沉，能够很好地承载其上位岩层的载荷。故在 70%充实率条件下，主关键层与亚关键层都不发生破断，但是基本顶破断释放的能量会对留巷造成影响，但相对 50%、60% 的充实率而言影响较小，故当充实率达到 70%及以上时降低了留巷的难度。

当充实率为80%、等价采高为0.64 m时，工作面推进60 m、120 m、180 m、240 m、300 m时覆岩垂直位移云图及直接顶位移云图如图7.1-16所示。

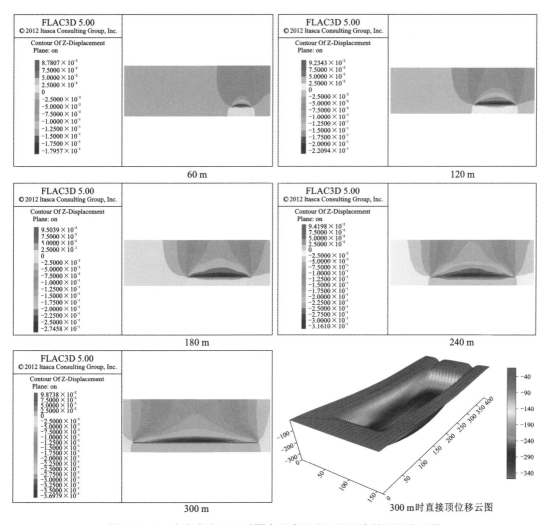

图 7.1-16　充实率为80%时覆岩垂直位移云图和直接顶位移云图

当采空区充实率为80%时，直接顶的最大垂直位移量由工作面回采60 m时的180 mm增加到工作面回采300 m时的370 mm。最大位移增量小于70%充实率条件下的增量大于90%充实率时的增量。由垂直位移云图可以看出，工作面回采时的从工作面处到切眼处的最大垂直位移发生在两者的中点处，并向两端不断减小。此时的直接顶处垂直位移较大，而且存在位移突变，说明直接顶处已经发生破断垮落，而基本顶处覆岩也受到不同程度的损伤。故80%的充实率能够达到较好的控制覆岩移动效果，进一步提高了留巷的可靠性与稳定性。

当充实率为90%、等价采高为0.32 m时，工作面回采60 m、120 m、180 m、240 m、

300 m 时覆岩垂直位移云图及直接顶位移云图如图 7.1-17 所示。

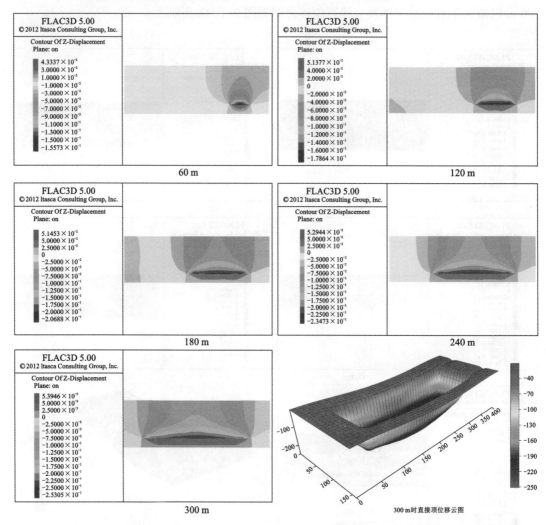

图 7.1-17　充实率为 90%时覆岩垂直位移云图和直接顶位移云图

当充实率为 90%时，直接顶、基本顶、亚关键层、主关键层的垂直位移明显减少，当工作面回采 60 m 时，采场覆岩最大垂直位移量为 156 mm，随着工作面不断回采，其顶板覆岩垂直位移量随之增大，但位移增量相对较小，当工作面回采 300 m 时，覆岩垂直位移增量为 97 mm，其最大垂直位移为 253 mm。由此可以看出，当充实率为 90%时工作面推进距离对顶板覆岩的垂直位移影响较小。当充实率为 90%时，其直接顶处垂直位移较大且存在位移突变区域。由此可知在该地质条件下的直接顶属于破碎岩层，随着工作面的推进随采随落。而基本顶、亚关键层、主关键层处的垂直位移明显减小，且不存在明显的位移突变区。当充实率为 90%时，能够较好地控制顶板覆岩下沉，基本顶不会发生破断，工作面不会形成明显的后期来压，故不会对留巷进行二次冲击，最大限度地保障了留巷的安全性与稳定性。

为了更直观体现出不同充实率条件下的直接顶、基本顶、亚关键层、主关键层的垂直位移，不同充实率条件下工作面回采 300 m 后的直接顶、基本顶、亚关键层、主关键层的垂直位移量如图 7.1-18 所示。

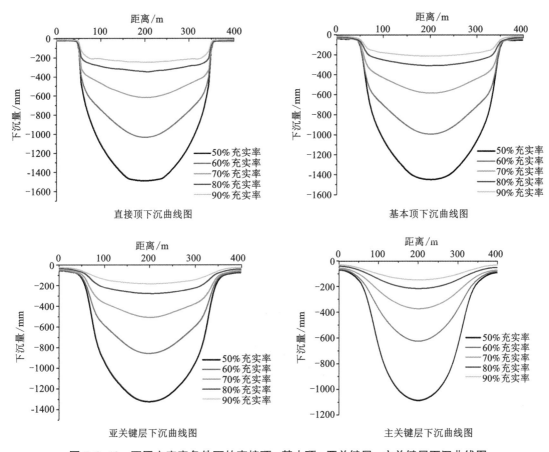

图 7.1-18　不同充实率条件下的直接顶、基本顶、亚关键层、主关键层下沉曲线图

由上述的曲线图可以看出，随着充实率的提升，直接顶、基本顶、亚关键层、主关键层的下沉量逐渐减少，当充实率从 50% 提升到 70% 时，顶板下沉减少量明显小于充实率为 70%~90% 的阶段。当充实率在 70% 以上时顶板下沉量较小，充填体能够有效控制顶板沉降，能够为留巷提供良好的采场围岩位移场。

7.1.2　不同充实率对留巷变形特征影响规律

由本章前面研究结果可知，70% 与 80% 的采空区初始充实率皆能够创造良好的采场围岩应力环境，有效控制顶板下沉。本章基于前面的研究结果，在充实率为 70% 与 80% 的条件下对固体充填留巷区域围岩变形及应力分布状态进行更深入的数值模拟研究，以确定更精确的合理充实率，为工程施工现场提供更精准的理论参考依据。为了提高模拟研究的准确性，本章基于葫芦素煤矿 CT21201 充填留巷工作面的工程地质条件，应用 FLAC3D 数值模拟软件重新建立更精细化的模型进行模拟研究，进一步揭示充实率为70%与80%两种不同条件对留巷区域围岩变形的影响，以确定最为合理的充实率，为优化留巷支护奠定良好的基础，从而提高留巷的可靠性与稳定性。

1. 模型建立

模型建立及网格分布：根据CT21201工作面煤岩层赋存特征，建立如图7.1-19所示的三维数值模型，模型长300 m（Y方向）、宽100 m（X方向）、高81.2 m（Z方向）。其中X方向原点到54.6 m处为留巷左边的实体煤，54.6 m至60 m处为留巷，留巷宽5.4 m、高3.2 m，60 m至100 m处为采空区。因为充填采煤工作面具有对称性，故此处取工作面长度的一半40 m进行模拟研究。在这40 m中，X方向上60 m至63 m处为巷旁支护体，此处巷旁支护体宽3 m、高3.2 m，63 m至100 m处为固体充填区。Y方向包括工作面推进长度240 m及超前工作面60 m的实体煤。Z方向包括底板20 m、煤层3.2 m和顶板58 m。在模型顶部采用施加垂直载荷的方法表示上覆岩层压力，为了提高数值计算的准确性，对留巷附近煤岩层进行网格细化，模型共划分为465000个单元、490537个节点。本次采用的模型中各煤岩层的物理力学参数依据中天合创葫芦素矿的钻孔柱状图及相应的煤岩体力学实验测试结果确定，岩层屈服准则采用莫尔-库伦模型。

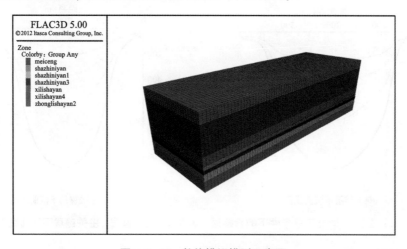

图7.1-19　数值模拟模型示意图

在该模型上表面施加14.50 MPa竖直向下的载荷，即埋深为580 m处的覆岩等效载荷，该表面可在覆岩等效载荷作用下自由下沉；固定该模型的下表面并对该模型四周进行水平位移约束。结合中天合创葫芦素矿CT21201工作面的地质条件，在模型上表面施加载荷和竖直向下的重力加速度模拟初始地应力场，模型侧压系数为1.0，在形成符合工程现场条件的初始应力场之后，进行巷道开挖、煤层开采、充填留巷等工序。

2. 数值模拟方案

首先建立数值计算模型，在建立模型过程中，为了提高计算的准确性，将留巷附近的煤岩层网格进行精细化的分布处理，提高留巷附近处的网格密度，适当降低远离留巷处的网格密度。模型建立完毕后按上一节所述的煤岩体参数进行赋值，在设置边界条件后对模型施加初始地应力并进行求解。在模型达到初次应力平衡后进行巷道开挖，开挖巷道尺寸为5.4 m×3.2 m。最后，在巷道开挖完毕达到平衡之后进行充填开采与留巷工作，煤层每次开挖6 m，一共开挖40次，每次开挖完毕后及时进行充填与留巷工作，开挖、充填、留巷等工序通过Fish函数来控制实现。根据前面章节研究中得出的充填体弹性模量与其所受载荷的关系，本节用Fish函数对最优配比固体充填体的弹性模量实现动态控制。在采煤过程中，按70%与80%两种不同的充实率进行充填留巷开采，在数值模拟过程中，主要监测和分析以下几个方面的内容。

（1）对比分析70%与80%充实率条件下超前工作面及滞后工作面不同距离处的留巷塑性区发育特征。

（2）对比分析70%与80%充实率条件下工作面推进不同长度时留巷围岩垂直应力场的演化规律。

（3）对比分析70%与80%充实率条件下留巷区域围岩垂直与水平位移场演化规律。

3. 不同充实率条件下留巷围岩塑性区发育特征

本节根据数值模拟结果，对超前工作面和滞后工作面不同位置处的留巷区域围岩塑性区分布情况进行分析，揭示了在充实率为70%与80%两种不同条件下工作面开采240 m时留巷不同位置处的塑性区发育特征。

当充实率为70%，工作面推进240 m时留巷超前工作面5 m、10 m、20 m、40 m处的区域围岩塑性区发育特征如图7.1-20所示，滞后工作面5 m、10 m、20 m、40 m、80 m、160 m处的区域围岩塑性区发育特征如图7.1-21所示。

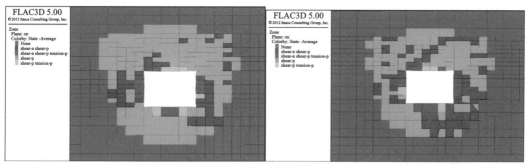

超前工作面5 m处　　　　　　　　超前工作面10 m处

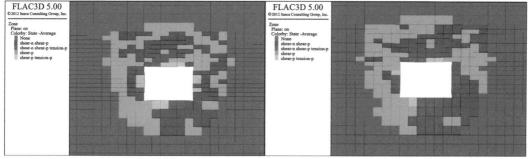

超前工作面20 m处　　　　　　　　超前工作面40 m处

图7.1-20　充实率为70%时超前工作面端留巷围岩塑性区分布图

由图 7.1-20 可以看出，超前工作面端的巷道围岩在经历了掘巷及回采扰动影响后塑性区不断向四周更深处的煤岩体发育。总体来说处于超前工作面 10 m 以外的巷道塑性区发育受采动影响较小，趋于稳定。在巷道顶底板处，塑性区向上发育的高度与向下发育的深度约为 5 m，在巷道两帮处，塑性区向左右两帮煤层发育深度约为 4 m。巷道围岩的破坏方式主要以剪切破坏与张拉破坏为主，留巷围岩弱化较为严重。

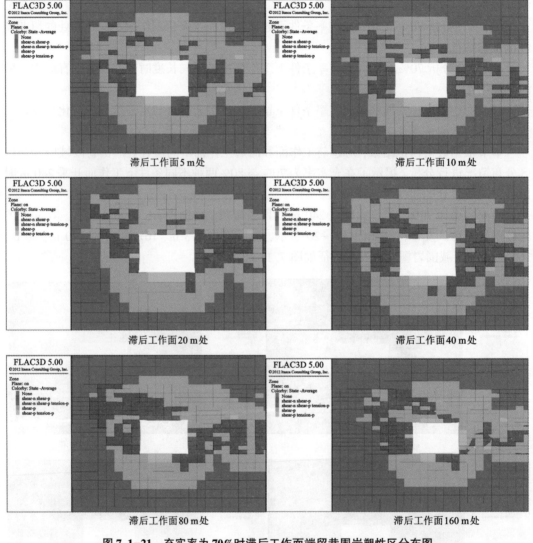

图 7.1-21　充实率为 70% 时滞后工作面端留巷围岩塑性区分布图

由图 7.1-21 可以看出，经充填开采后留巷围岩塑性区发育范围远大于超前工作面端的巷道围岩塑性区发育范围，且留巷位置滞后工作面越远，其围岩塑性区发育范围就越大。由于离工作面越远的留巷处留巷时间较长，工作面推进过程中顶板对留巷的扰动次数增多，围岩塑性区不断地向留巷围岩四周发育，故其塑性区发育范围就变大了。留巷围岩塑性区向上发育已贯穿直接顶,且发育至基本顶的底部,发育高度约为 5 m;向下发育至直接底中部,发育深度为 4 m;向左边实体煤壁帮发育深度约 6 m,而右侧则贯穿整个巷旁支护体不断向采空区发育。留巷围岩的破坏方式主要以剪切破坏与张拉破坏为主,留巷围岩弱化较严重的区域主要出现在留巷的两侧,这主要是因为工作面经采动后,采空区侧顶板不断下沉,而留巷左侧的实体煤及巷旁支护体支撑着顶板,造成顶板的不均匀沉降,从而在留巷的左右帮形成了大范围的剪切破坏与张拉破坏的区域。

当充实率为 80%,工作面推进 240 m 时留巷超前工作面 5 m、10 m、20 m、40 m 处的围岩塑性区发育特征如图 7.1-22 所示,滞后工作面 5 m、10 m、20 m、40 m、80 m、160 m处的围岩塑性区发育特征如图 7.1-23 所示。

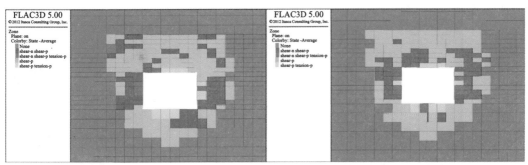

超前工作面 5 m 处　　　　　　超前工作面 10 m 处

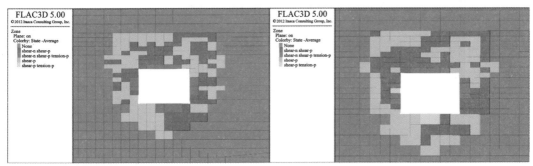

超前工作面 20 m 处　　　　　　超前工作面 40 m 处

图 7.1-22　充实率为 80%时超前工作面端留巷围岩塑性区分布图

当充实率从 70%提升至 80%以后,超前工作面端各处巷道的围岩塑性区发育范围相对有所缩减。巷道顶部的塑性区发育高度有效控制在直接顶区域,发育高度为 4 m。在巷道底部的塑性区发育深度为 4 m,左右两帮的发育深度也为 4 m。超前工作面端巷道塑性区发育范围也是沿着工作面向推进的方向不断缩小,并逐渐趋于稳定。巷道围岩破坏形式主要以剪切破坏为主,巷道围岩都出现了不同程度弱化。由此可知,当充实率提升到 80%以后,超前工作面端的巷道塑性区发育范围有所减少,这是由于相对于 70%充实率而言,80%充实率时的固体充填体对煤层顶板形成了更好的支撑效果,降低了超前工作面端的应力集中系数,减少了巷道围岩塑性区发育范围。

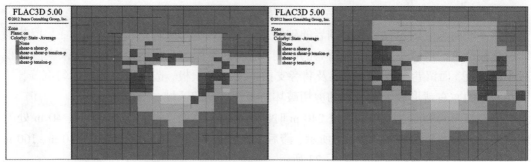

滞后工作面5 m处　　　　　　　　滞后工作面10 m处

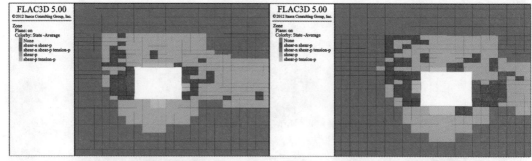

滞后工作面20 m处　　　　　　　　滞后工作面40 m处

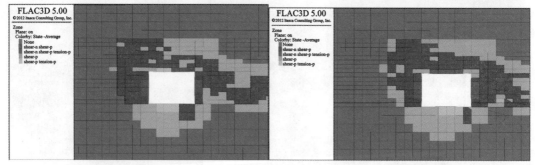

滞后工作面80 m处　　　　　　　　滞后工作面160 m处

图7.1-23　充实率为80%时滞后工作面端留巷围岩塑性区分布图

当充实率为80%时，滞后工作面端留巷各处的塑性区发育范围随着距离工作面的距离增大先增大后逐渐趋于稳定。留巷顶板处围岩塑性区发育范围严格控制在直接顶内，发育高度为4 m。底板和煤壁帮塑性区发育深度为4 m左右，巷旁支护体侧塑性区发育已贯穿至采空区。对比模拟结果分析得出：

（1）当充实率由70%提升至80%时，留巷不同位置处的塑性区发育范围减少，且当充实率为80%时，巷道顶板塑性区发育范围可有效控制在直接顶区域。

（2）在同一充实率条件下，超前工作面端的巷道围岩塑性区发育范围随着工作面推进方向不断减小并趋于稳定；滞后工作面端的留巷围岩塑性区发育范围距离工作面越远，其塑性区发育范围先增大后趋于稳定，且滞后工作面端的留巷围岩塑性区发育范围要大于超前工作面端的巷道围岩塑性区发育范围。

（3）在相同充实率条件下，超前工作面端的巷道围岩弱化方式主要以剪切破坏为主，且几乎均匀分布在巷道四周；滞后工作面端的留巷破坏方式则以张拉与剪切复合破坏为主，主要发生在留巷的煤壁帮和巷旁支护体处。故在留巷过程中，需加强对煤壁帮和巷旁支护体处的支护。

4. 不同充实率条件下留巷围岩应力分布特征

本节通过对充实率为 70% 与 80% 条件下留巷区域围岩垂直应力分布特征进行对比分析，得出两种充实率条件下更优的留巷围岩应力环境。

（1）不同充实率条件下工作面推进过程中垂直应力演化规律

当充实率为 70% 时，工作面推进 60 m、120 m、180 m、240 m 时模拟得到的留巷围岩垂直应力分布云图如图 7.1–24 所示，图中应力梯度单位为 MPa。

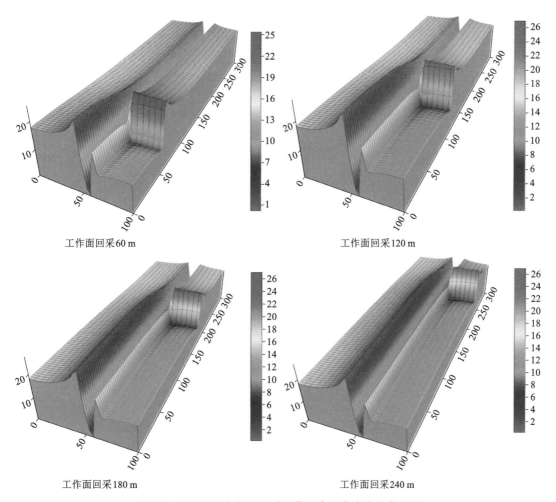

工作面回采 60 m

工作面回采 120 m

工作面回采 180 m

工作面回采 240 m

图 7.1–24　充实率为 70% 时留巷围岩垂直应力分布云图

　　在充实率为70%条件下，当工作面回采60 m时，留巷直接顶处的垂直峰值应力为25.24 MPa，应力集中系数为1.61。当工作面回采120 m以后，留巷直接顶处的垂直峰值应力趋于稳定，峰值应力为27.43 MPa，应力集中系数为1.75。总体来看，留巷煤壁侧和工作面前都出现了应力增高区、降低区、稳定区三个阶段，在留巷左帮煤壁处及超前工作面煤壁处均出现了较大的应力值，应力峰值出现在工作面与留巷相交处。巷旁支护体处也出现了相对较小的应力峰值，说明巷旁支护体对顶板起到了一定的支撑作用，采空区的应力值先增加然后趋于稳定，说明固体充填体对顶板起到了一定的支撑作用，有效控制了顶板沉降。在工作面处与留巷处都出现了应力谷值区域，因为在留巷处与工作面处形成了自由面，应力通过变形的形式进行释放，故出现了应力谷值区。

　　当充实率为80%时，模拟得到的留巷围岩垂直应力分布云图如图7.1-25所示，图中应力梯度单位为MPa。

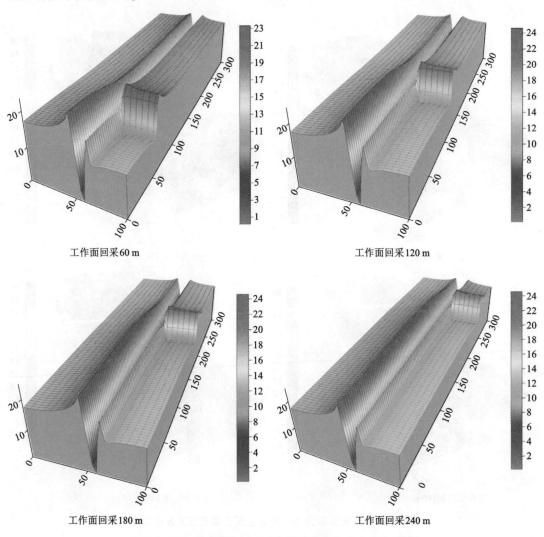

工作面回采60 m

工作面回采120 m

工作面回采180 m

工作面回采240 m

图7.1-25　充实率为80%时留巷围岩垂直应力分布云图

（2）不同充实率条件下垂直应力沿煤层走向分布特征

在充实率分别为 70% 与 80% 条件下工作面推进 240 m 时，煤壁侧与采空区侧不同位置处的垂直应力沿煤层走向分布图如图 7.1-26、图 7.1-27 所示，图中 SZZ 表示垂直应力。

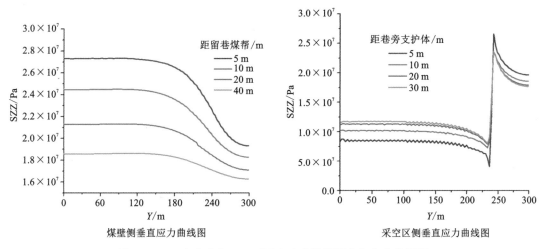

煤壁侧垂直应力曲线图　　　　　采空区侧垂直应力曲线图

图 7.1-26　充实率为 70% 时垂直应力沿煤层走向分布曲线图

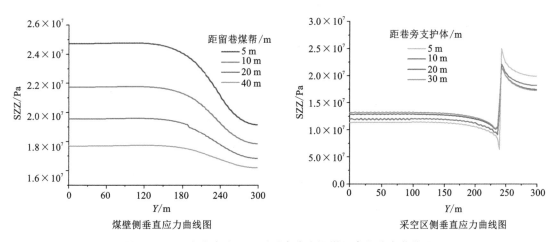

煤壁侧垂直应力曲线图　　　　　采空区侧垂直应力曲线图

图 7.1-27　充实率为 80% 时垂直应力沿煤层走向分布曲线图

由图 7.1-26 和图 7.1-27 可知，在留巷左帮煤壁侧的沿煤层走向垂直应力随着与留巷左帮的距离增加而减少，最后趋向于原岩应力，应力峰值出现在距离留巷左帮 5 m 处的区域。相同位置处 80% 充实率条件下的应力值均小于 70% 充实率条件下的应力值。在留巷右侧，超前工作面处的应力从留巷右帮向采空区不断减小，采空区处的应力则从留巷右帮向采空区侧逐渐增加，二者的增加量与减小量都在距离留巷右帮 20 m 处趋于稳定。当充实率为 80% 时留巷右帮采空区处应力大于相同位置处 70% 充实率时的应力，故 80% 的充实率能够对顶板形成更好的支撑。

（3）不同充实率条件下垂直应力沿煤层倾向分布特征

在充实率分别为70%与80%条件下工作面推进240 m时，超前工作面与滞后工作面不同位置处沿煤层倾向方向垂直应力分布图如图7.1-28、图7.1-29所示。

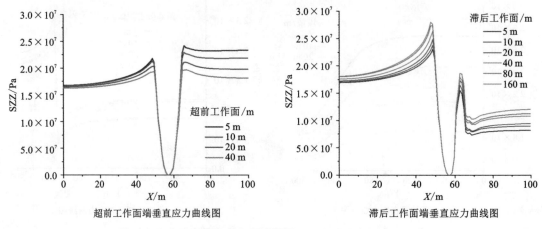

图7.1-28　充实率为70%时垂直应力沿煤层倾向分布曲线图

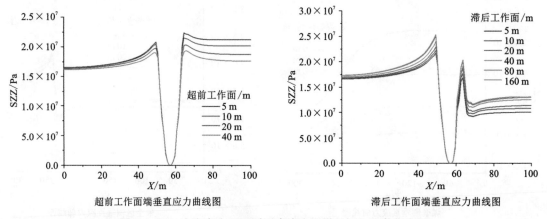

图7.1-29　充实率为80%时垂直应力沿煤层倾向分布曲线图

由图7.1-28和图7.1-29可以看出，在超前工作面端的沿煤层倾向方向垂直应力沿着工作面推进方向不断减小，最后趋于原岩应力。留巷左侧应力峰值小于右侧，但在超前工作面40 m处，左右侧的垂直应力几乎呈对称分布，这是由于在留巷超前工作面端的煤层受到采动影响造成的。在滞后工作面端的留巷左帮煤壁侧，距离工作面越远，其垂直应力越大，在滞后工作面80 m以远时，其垂直应力趋于稳定。在滞后工作面端的留巷右帮采空区侧，距离工作面越远，其垂直应力越大，当滞后工作面40 m以远时，其垂直应力趋于稳定。总体来说80%充实率条件下沿煤层倾向方向上各处的垂直应力峰值均小于70%充实率时的应力峰值。

5. 不同充实率条件下的留巷变形规律

留巷围岩的应力在巷道表面通过变形的形式释放,而留巷表面变形的大小是最直观体现留巷安全性与稳定性的主要因素,故研究在充实率为 70% 和 80% 两种条件下留巷表面变形的差异,可确定更加合理的充实率。本节基于前面对留巷围岩塑性区发育特征及应力场演化规律的分析结果,研究留巷表面在不同充实率、不同位置处的水平位移及垂直位移。

（1）不同充实率条件下的留巷垂直位移演化规律

在充实率为 70% 与 80% 条件下工作面推进 240 m 时超前工作面 5 m、10 m、20 m、40 m 处的巷道围岩垂直位移云图如图 7.1–30、图 7.1–32 所示。滞后工作面 5 m、10 m、20 m、40 m、80 m、160 m 处的留巷围岩垂直位移云图如图 7.1–31、图 7.1–33 所示。

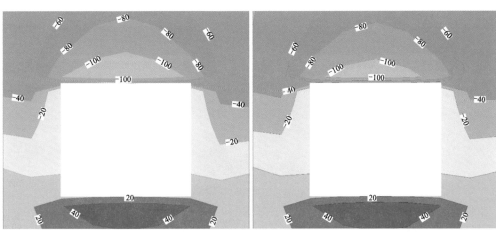

超前工作面 5 m 处垂直位移　　　　超前工作面 10 m 处垂直位移

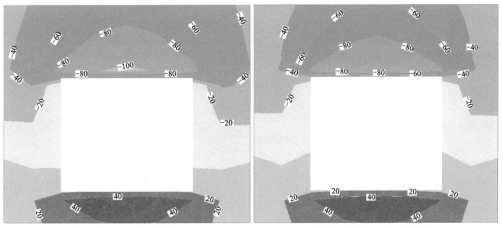

超前工作面 20 m 处垂直位移　　　　超前工作面 40 m 处垂直位移

图 7.1–30　充实率为 70% 时超前工作面端巷道垂直位移云图

由图 7.1–30 可看出,在充实率为 70% 的条件下,超前工作面端巷道从开挖至回采过程中顶板最大位移为 100 mm，最小位移为 80 mm；顶板垂直位移减小量为 20%，底板垂直位移相对稳定，为 40 mm。顶板垂直位移随着工作面推进方向不断减少，最后在超前工作面 20 m 以远趋于稳定。

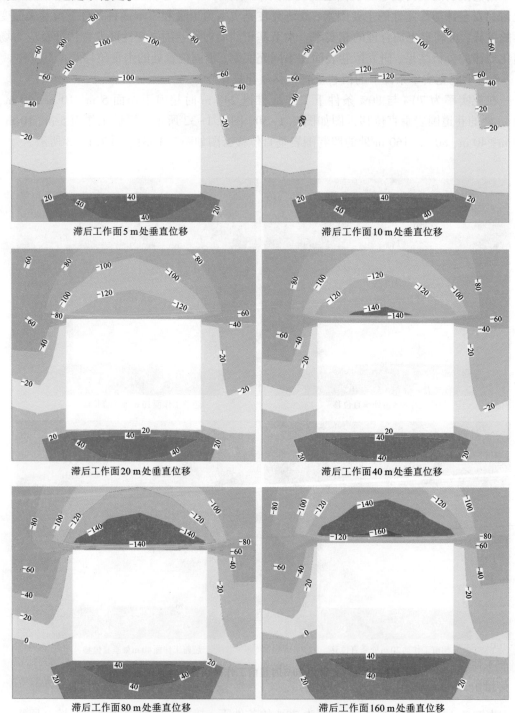

图 7.1–31　充实率为 70% 时滞后工作面端留巷垂直位移云图

由图 7.1-31 可看出，在充实率为 70% 的条件下，留巷顶板垂直位移从巷道掘进到留巷的总变形随着离工作面的距离不断增加而增加，由 100 mm 增加至 160 mm，增幅为 60%。而巷道底板变形则相对稳定，为 40 mm。这主要是由于底板处岩层自身具有良好的物理力学性质，除此之外，采空区的充填开采也在一定程度上缓解了留巷底板的应力集中程度，从而减小留巷底板的垂直位移。

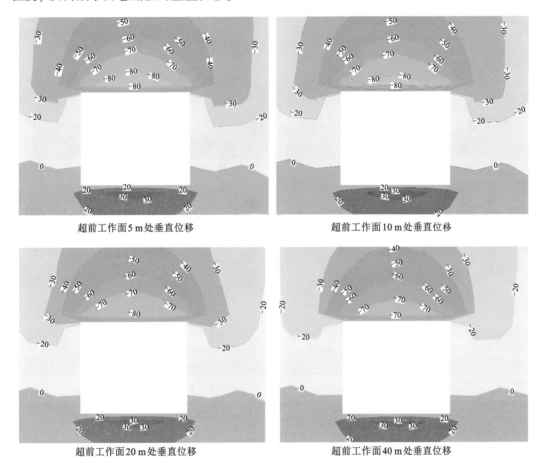

超前工作面 5 m 处垂直位移

超前工作面 10 m 处垂直位移

超前工作面 20 m 处垂直位移

超前工作面 40 m 处垂直位移

图 7.1-32　充实率为 80% 时超前工作面端巷道垂直位移云图

由图 7.1-32 可看出，当采空区充实率提升至 80% 以后，留巷超前工作面端的顶板垂直位移沿工作面推进方向不断减小，最后趋于稳定。在距离超前工作面 5 m 处留巷顶板位移最大，这是由于受到工作面采动后超前支承压力的影响造成的。留巷超前工作面端的顶板垂直位移由 80 mm 减小到 70 mm，减幅相对 70% 充实率时较小，底板垂直位移为 30 mm，在超前工作面 20 m 以远，巷道变形趋于稳定。当充实率由 70% 提升至 80% 以后，超前工作面端的顶板最大位移量由 100 mm 减小为 80 mm，减幅为 20%；稳定后顶板最大位移量由 80 mm 减小为 70 mm，减幅为 12.5%；底板最大垂直位移由 40 mm 减小至 30 mm，减幅为 25%。

综上分析可知，在超前工作面端不同位置处巷道顶底板变形均随着充实率的提升出现了不同幅度的减小，从巷道顶底板变形角度去分析时，80%充实率要比70%的充实率更为合理，更能提高留巷顶底板的可靠性与稳定性。

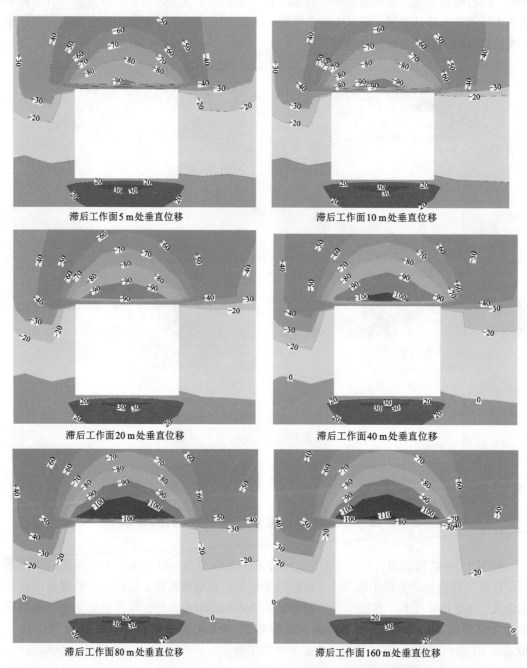

滞后工作面5 m处垂直位移　　　　　滞后工作面10 m处垂直位移

滞后工作面20 m处垂直位移　　　　　滞后工作面40 m处垂直位移

滞后工作面80 m处垂直位移　　　　　滞后工作面160 m处垂直位移

图7.1-33　充实率为80%时滞后工作面端留巷垂直位移云图

由图7.1-33可看出，当采空区充实率为80%时，留巷滞后采煤工作面越远，其顶板垂直位移越大,而底板垂直位移变化较小。当充实率由 70% 提升至 80% 以后,其顶板表面最小垂直位移由 100 mm 减少为 90 mm,减幅为 10%;最大垂直位移由 160 mm 减小为 110 mm,减幅为 31.25%;其底板垂直位移由 40 mm 减小为 30 mm,减幅为 25%。70% 充实率条件下的顶板位移由 100 mm 增加至 160 m,其增幅达到了 60%,而 80% 充实率条件下的顶板垂直位移由 90 mm 增加至 110 mm,其增幅为 22%。故当充实率由 70% 提升至 80% 时,顶板垂直位移增幅减小了 38%。综上,80% 充实率减小了留巷顶底板的垂直位移量及垂直位移增幅,提高了留巷稳定性。

(2)不同充实率条件下的留巷水平位移演化规律

在充实率为 70% 与 80% 条件下工作面推进 240 m 时超前工作面 5 m、10 m、20 m、40 m 处的巷道水平位移云图如图 7.1-34、图 7.1-36 所示,滞后工作面 5 m、10 m、20 m、40 m、80 m、160 m 处的留巷水平位移云图如图 7.1-35、图 7.1-37 所示。

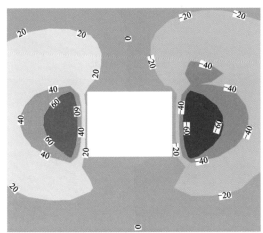

超前工作面 5 m 处

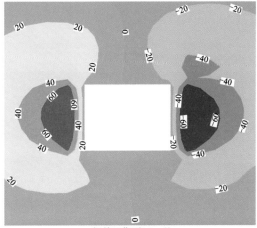

超前工作面 10 m 处

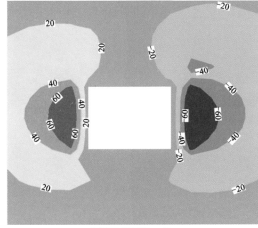

超前工作面 20 m 处

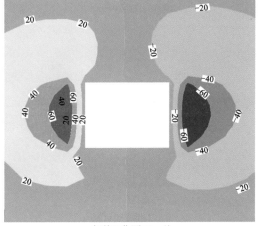

超前工作面 40 m 处

图 7.1-34　充实率为 70% 时超前工作面端巷道水平位移云图

　　由图7.1-34可看出，在超前工作面端的留巷两侧的水平位移云图在超前工作面20 m以内由于受工作面采动影响呈左右非对称分布，在超前工作面20 m以远处则受到工作面采动影响较小，主要受掘巷扰动的影响。故在超前工作面20 m以远处的留巷两侧水平位移云图呈对称分布，左右两侧最大水平位移均为60 mm。由此可看出，工作面采动影响超前工作面端巷道水平位移分布范围较为明显，影响其左右两帮位移大小量较小。

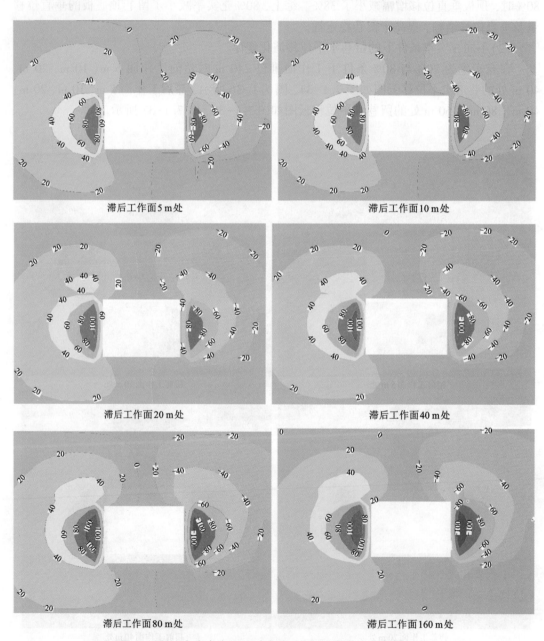

滞后工作面5 m处　　　　　　　　　　滞后工作面10 m处

滞后工作面20 m处　　　　　　　　　　滞后工作面40 m处

滞后工作面80 m处　　　　　　　　　　滞后工作面160 m处

图7.1-35　充实率为70%时滞后工作面端留巷水平位移云图

由图 7.1-35 可看出，在充实率为 70% 的条件下，滞后工作面不同位置处留巷的边帮变形要大于超前工作面端，煤壁侧首先经历了掘巷时的初次扰动，而后经历了回采过程中的多次扰动，而巷旁支护体侧则经历了工作面回采过程中的多次扰动，故出现了比超前工作面端巷道更大的水平位移。留巷两帮的变形随着滞后工作面距离的增加先增大后趋于稳定。留巷左右帮最大水平位移都是由 80 mm 的变形逐渐演化为 100 mm，煤壁帮的变形在滞后工作面 20 m 以远趋于稳定，而巷旁支护体侧的变形则在滞后工作面 40 m 以远趋于稳定。

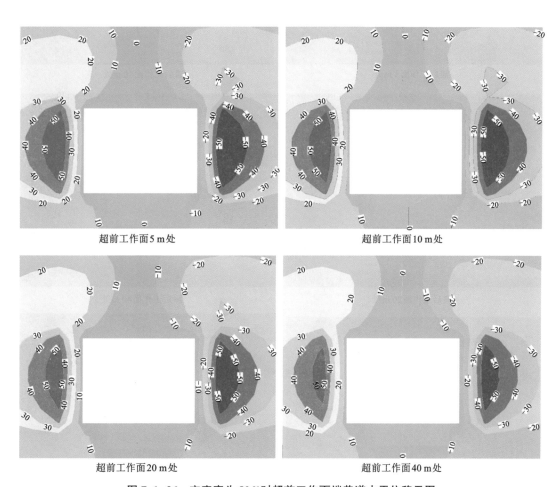

超前工作面 5 m 处

超前工作面 10 m 处

超前工作面 20 m 处

超前工作面 40 m 处

图 7.1-36　充实率为 80% 时超前工作面端巷道水平位移云图

由图 7.1-36 可看出，当充实率提升至 80% 时，超前工作面端巷道的左右两侧最大水平位移由 70% 充实率条件下的 60 mm 减小为 50 mm，减小幅度为 16.7%。而且在 80% 充实率条件下巷道两侧变形峰值区域明显小于 70% 充实率条件下的峰值区域，故 80% 充实条件下能够减小超前工作面端巷道两帮的水平位移。除此之外，在充实率为 80% 条件下巷道两侧变形峰值区域沿着工作面推进方向不断变小并趋于稳定，且由最初的右侧的峰值变形区域大于左侧的沿着工作面推进方向演化为左右两侧近乎对称的变形区域。

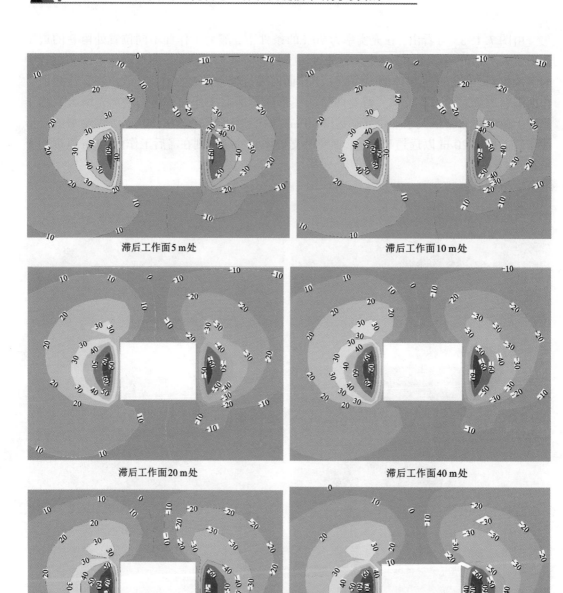

图 7.1-37　充实率为 80% 时滞后工作面端留巷水平位移云图

由图 7.1-37 可看出，在充实率提升至 80% 后，滞后工作面端的留巷左右帮变形均比 70% 充实率时较小，超前工作面端最大水平位移量与滞后工作面端最大水平位移量的差值也比 70% 充实率时小，留巷滞后工作面不同位置处的两帮变形梯度也较 70% 时小。80% 充实率的留巷两帮最大变形为 70 mm，相对于 70% 充实率时 100 mm 的最大变形减小了 30%。

70%充实率时滞后工作面留巷两帮 100 mm 的最大变形相较于超前工作面处 60 mm 的最大变形，增加了 66.66%的变形量，而滞后工作面端留巷的最大变形由 80 mm 增加至 100 mm，变形增长率为 25%。80%充实率时滞后工作面端留巷两帮 70 mm 的最大变形相较于超前工作面处 50 mm 的最大变形，增加了 40%的变形量，相较于同条件下的 70%充实率时减少了 26.66%，而滞后工作面端留巷的变形由 60 mm 增加至 70 mm，变形增长率为 16.7%，增幅较相同条件下 70%充实率时减小了 8.3%。故 80%充实率条件下留巷的水平变形量及变形梯度都小于相同条件下 70%充实率时的水平变形量及变形梯度，80%充实率更能控制留巷左右帮的变形，提高留巷的稳定性。

　　70%与 80%两种不同充实率条件下的留巷表面变形如图 7.1-38 所示。

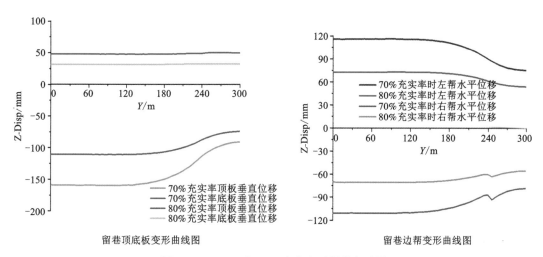

图 7.1-38　70%与 80%充实率时留巷变形图

　　由图 7.1-38 可以看出，80%充实率条件下留巷的表面变形量小于 70%充实率条件下的变形量。留巷变形最大的地方出现在巷道顶板处，其次是巷道的两帮，变形最小的是巷道底板。除此之外，留巷顶板及边帮的变形规律类似。顶板和边帮变形都是从工作面处沿着工作面推进方向不断变小并趋于稳定，在超前工作面 10~20 m 处趋于稳定；从工作面处沿着采空区方向的变形量先增大后趋于稳定，在滞后工作面 30~50 m 处趋于稳定。而底板变形则接近直线，原因经分析首先是底板自身具有良好的物理力学性质，其次考虑到本工作面为 80 m 的短面以及采空区充填等因素，这些因素在一定程度上弱化了底板矿压显现，减小底板的变形。

　　本节通过研究在 70%与 80%两种不同充实率条件下工作面推进 240 m 时超前工作面不同位置处及滞后工作面不同位置处留巷表面位移演化规律，得出了在充实率为 80%时，留巷的各处表面变形量均小于 70%充实率时的变形量，而且 80%充实率时相同长度的留巷变形梯度也小于 70%充实率时的变形梯度，从留巷变形的角度揭示了 80%的充实率能够有效控制留巷变形，提高留巷的稳定性。

7.1.3 工作面岩层移动规律数值的计算结论

(1)根据不同充实率对覆岩上方,尤其是对工作面上方的扰动范围来看,充实率越高,扰动范围越小。如初始充实率为90%,即充填高度为2.88 m(理论计算可充填高度为2.89 m)时岩层控制效果最佳,但考虑现场实际应用时,实际可充填高度一般要略低于理论可充填高度,且70%、80%初始充实率,岩层扰动范围对主、亚关键层也较小,80%初始充实率的超前支承应力略低于90%初始充实率的,故可设定介于80%和90%之间的85%的初始充实率,即初始充填高度为2.72 m,此时工作面上方岩层扰动范围高度约为45 m(基本顶上方31 m)。

(2)根据70%初始充实率和80%初始充实率对留巷变形特征影响的对比分析,80%初始充实率要明显优于70%初始充实率,结合前面对可充填高度、超前支承应力等因素的影响分析,设定85%的初始充实率为目标充实率。

7.2 核心装备关键参数分析与优化

7.2.1 固废高效排放工作面的核心装备

固废高效排放工作面的3个主要装备是固体充填开采多柱式(四或六柱式)液压支架、固体充填开采输送机(后刮板)和固体充填物料可伸缩转载机。其中,固体充填开采输送机除整机长度外,其他相关技术已经成熟,只需输送能力与设计匹配即可;固体充填物料可伸缩转载机已发展出千斤顶推移式、履带式和雪橇式等多种形式,技术相对成熟,也只需输送能力与设计匹配即可。固体充填开采多柱式液压支架,为固体废弃物充填工序创造了固废输送通道、掩护下的充填空间和夯实时效区间,是整个采充一体装备系统的核心。固体充填开采多柱式液压支架已先后形成了5代支架,本项目拟采用的支架,是在第5代四柱式固体充填采煤液压支架(如图7.2-1所示)的基础上进行重新设计的,设计的关键参数是支护强度和工作阻力。

图7.2-1 第5代四柱式固体充填采煤液压支架

7.2.2　固体充填主动支护限定变形理论

1. 主动支护限定变形理论

固体充填开采的液压支架，即使在对初始充实率和密实充实率没有特别高的要求下（初始充实率 92% 以上，密实充实率 75% 以上），其工作阻力也要满足其主动支护顶板、限定顶板提前下沉的支护目标。

固体充填采煤液压支架顶梁较一般掩护性支架长很多，一般大于 7.5 m，实际支护长度超过 8 m。在长壁开采工作面，支架过长则构成支撑性能和采场适应性的先天性不足；固体充填采煤液压支架一般采用六柱式和四柱式结构，这种结构的支护效率因立柱注液的不均衡和立柱角度的问题，支护效率要远低于两柱式、掩护式支架。因此，对支架支护重心、初撑力大小和初撑力应用的达标率应该有更高的要求。

主动支护限定变形的支护理论来源于理论分析和多个实验矿区的应用经验：

（1）如支架初撑力不足，工作阻力不足，支架后部支柱活柱下缩量过大，支架支护重心和刚度中心整体前倾，不仅会造成可充填空间缩小、可充填角度变得困难，同时还会造成前立柱压死的极端情况；如果架型设计有缺陷，前立柱工作阻力大，后立柱工作阻力小，且差异明显，则支护重心本身集中在前立柱，支架刚度不均衡，在强载荷下，支架前立柱承载比例进一步提高，前立柱压死的风险性更大（在山东矿区发生过数次）。

（2）长壁开采工作面，液压支架不可能支撑起上覆全厚岩层的重量，其支撑或承受的仅是工作面范围内的、沿推进方向一定长度的、垂直方向一定扰动范围的"小结构"岩层重量和动载荷，且必须保障能够承受这个范围内的载荷。而在这个"小结构"内，由于支架后部散体固体废弃物材料一般在支架后部 20~40 m 范围以外才开始有效支撑顶板（基于基本顶或亚关键层等的破断距），在贴近支架的范围内因远未达到一定的压实度，无法分担液压支架足够的载荷，覆岩载荷基本上仍由支架承担。

2. 初撑力和支撑结构的影响机制

基于理论分析和应用经验，结合液压支架的工况原理，提出了初撑力和支架结构对工作面岩层控制性能和矿压显现影响的机制原理，即限定变形支护理论的主要理论依据。在已有的应用中，采用限定变形理论设计的支架工作阻力要比常规工作阻力计算方法高出 25%~40%，但应用效果良好，尚未出现支架过载卸压或者前立柱卡死的情况。

液压支架的初撑力是支架预设载荷，提高初撑力即提高了支架刚度。支架刚度就是支架承受载荷后的抗变形能力和增阻能力，具体体现为支架立柱的刚度。在架高相同的条件下，支柱刚度 k 和初撑力 F_{ch} 一样与立柱内缸截面积成正比关系：

$$F_{ch} = \sigma_b S = \tau k \tag{7-1}$$

式中：σ_b 为液压泵站应力值；S 为立柱内缸截面积；τ 为比例常数，与立柱高度成反比关系。

支架工作阻力 F 与初撑力 F_{ch} 为指数增长趋势关系，其表达式为：

$$F = a\mathrm{e}^{bl_s} + F_{ch} = kl_s + F_{ch} = \frac{1}{\tau} F_{ch} l_s + F_{ch} \tag{7-2}$$

式（7-2）可以转化为：

$$F - F_{ch} = \frac{1}{\tau} F_{ch} l_s = a e^{b l_s} \tag{7-3}$$

式中：l_s 为活柱下缩量。

当支架立柱数量与角度确定时，支架刚度 K 与立柱刚度 k 成正比关系：

$$K = nk\rho \tag{7-4}$$

式中：n 为支架立柱个数；ρ 为支架结构系数，是立柱角度和分布位置的具体函数，与支护效率成正比关系。式(7-1)~式(7-4)说明了初撑力大的支架工作的特点为：

（1）初撑力越大的支架刚度越大，达到同样的工作阻力时活柱下缩量越小，即抗变形能力强。

（2）初撑力越大的支架刚度越大，在相同的活柱下缩量下工作阻力增幅越大，即增阻能力强。

上述两个特点与充填体充填质量对其增阻能力和抗变形能力的影响机制完全相同。结合顶板下沉量对充填体填充质量的影响机制，初撑力对覆岩控制作用机理如图 7.2-2 所示。

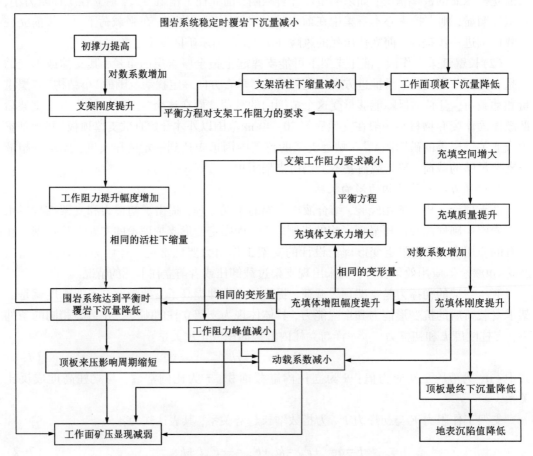

图 7.2-2　充填采煤液压支架初撑力对覆岩控制作用机理示意图

由图 7.2-2 可以分析得出：

(1)因充填体对顶板的支护作用，支架初撑力提高对顶板下沉的控制机理与传统垮落法综采有所不同，初撑力对顶板下沉的影响更加明显，重要性更为突出。

(2)提高对充填采煤液压支架的初撑力，反而会降低对支架工作阻力的要求。因此，使用较高初撑力的液压支架的工作面来压期间最大工作阻力低于使用较低初撑力液压支架的工作面。

(3)根据要求支护强度计算出的支架需要的最大工作阻力不能作为支架额定工作阻力，仅能作为根据顶板下沉量要求和活柱下缩量要求计算初撑力的一个关键参数。

(4)初撑力是充填采煤液压支架工作阻力选型的主要判断标准，应首先确定初撑力，再以初撑力反算额定工作阻力。

对比支架支撑结构对顶板控制的影响，主要是对比在支架初撑力相同的条件下，立柱支护重心(前后立柱支护阻力是否平衡)对顶板控制的影响。多立柱式充填采煤液压支架的结构特点，就是后顶梁下部增设了两根立柱，且缸径应等于或大于前立柱。这种结构变化体现了支架力学结构的两个具体变化：①支架的支护重心靠后；②支架的刚度重心靠后。

支架支护重心靠后，即支架对顶板的合力作用点靠后，支架对顶板施加的力臂增大。支架的刚度重心靠后，即支架后顶梁的增阻能力提升，抗变形能力提升。后顶梁的增阻能力提升，则支架对顶板的力矩增大。同时，支架尾梁抗变形能力提升，相同载荷下后顶梁

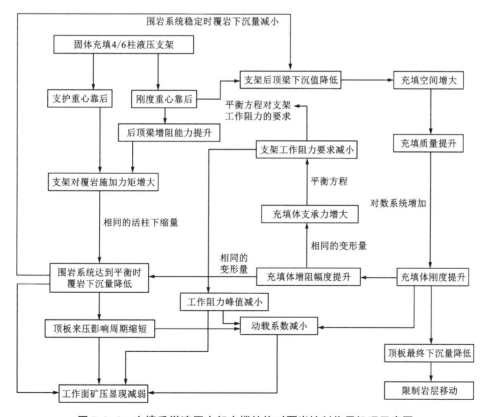

图 7.2-3　充填采煤液压支架支撑结构对覆岩控制作用机理示意图

的下沉值降低。多立柱支撑式充填采煤液压支架支撑结构对覆岩控制作用机理如图7.2-3所示，在相同初撑力的情况下，前后立柱工作阻力平衡，支护重心靠后的支架将明显提高对顶板下沉的控制效果，进而有利于采空区充填并削弱工作面的矿山压力显现。

7.2.3　支架支护强度与工作阻力的计算

1.支架支护强度的计算

本次选择两种支架支护强度的计算方法。

(1)垮落带高度计算支护强度

利用垮落带高度计算支架强度，虽然是一种传统的方式，但如果提高计算参数的精确性和安全系数，计算结果还是可靠的：

$$\sigma_1 = H_{垮落}\,\gamma_{岩重} \tag{7-5}$$

式中：$\gamma_{岩重}$取2.5 MPa/100 m。垮落带$H_{垮落}$的计算公式为：

$$H_{垮落} = (H - h_{85\%}i_{密实}) \times \frac{1}{1-k_{残余}} \tag{7-6}$$

式中：$h_{85\%}$为设计可充填高度；$i_{密实}$为实验所得密实压实度，为0.47；$k_{残余}$为实验所得残余碎胀系数，取0.07。

经式(7-5)和式(7-6)计算可得σ_1为0.65 MPa。

(2)覆岩扰动破坏圈范围计算支护强度

基于数值模拟计算出的扰动圈高度为45 m，代入覆岩扰动破坏圈范围算法(detached roof block method)。该种算法是美国、加拿大、澳大利亚等国的支架支护强度算法，一般数值要高于其他方法，其计算原理如图7.2-4所示。

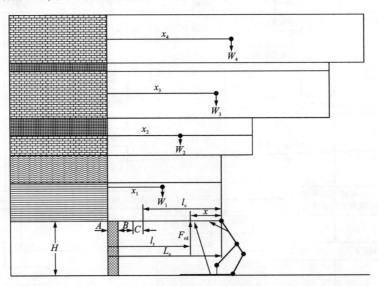

图7.2-4　覆岩扰动破坏圈范围算法原理图

覆岩扰动破坏圈范围算法的过程是：通过扰动圈高度圈定顶板受扰动的岩层数量，根据悬臂梁破断力学原理判断其极限破断距，累加悬臂梁岩重，最终获得支架需要的工作阻力。

但是基于限定变形的支护理论,该工作阻力要反算回支护强度推算初撑力,再重新得到工作阻力。利用计算机程序,计算出覆岩扰动破坏圈范围算法的支护强度 σ_2 为 0.726 MPa,大于垮落带高度计算法,则以该数值推算支架需要的工作阻力即要求值 F 为 10799 kN。

2. 支架工作阻力计算

"限定变形"要求下的工作阻力确定方向为:选择一种支护阻力达到要求值 F 时,尾梁下沉值不高于 l_s 的支架。由式(7-2)得计算基本公式为:

$$F_{ch} = F - a\mathrm{e}^{bl_s} = \dfrac{F}{n\rho\dfrac{l_s}{\tau}+1},\ F_e = F_{ch}\dfrac{\sigma_a}{\sigma_b} \tag{7-7}$$

式中:σ_b 为液压泵站应力值;F_e 为额定工作阻力;σ_a 为安全阀开启应力值。

由式(7-7)可以看出,当下沉要求值 l_s 为 0 mm 时,$F_{ch} = F$,即此时需要的工作阻力即为支架初撑力。结合式(7-1)~式(7-4)的初撑力作用原理,则额定工作阻力的具体计算流程如图 7.2-5 所示。

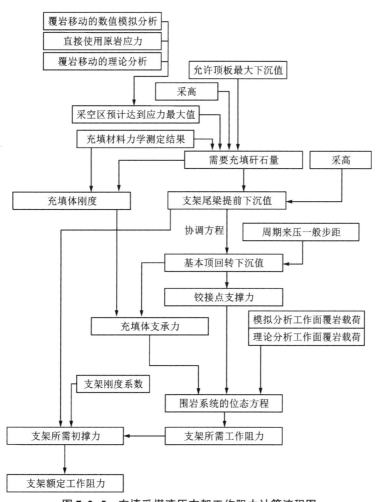

图 7.2-5　充填采煤液压支架工作阻力计算流程图

7.2.4 固体废弃物高效排放支架的定型

根据计算结果，最终选定支架为 $ZC6000/20/38$ 型，其技术参数见表 7.2-1；其后部悬挂多孔式固体充填开采输送机选型为 $SGBC764/250$ 型，其技术参数见表 7.2-2。

表 7.2-1　液压支架主要技术参数

支架型号	$ZC6000/20/38$ 型
支架高度/mm	2000～3800
整架宽度/mm	1650～1850
支架初撑力/kN	4454（P = 31.5 MPa）
工作阻力/kN	6000（P = 42.4 MPa）
平均支护强度/MPa	0.8
对底板平均比压/MPa	1.92
泵站压力/MPa	31.5
推移步距/mm	630（千斤顶行程 700）
支架重量/t	约 35
操作方式	手动操作

表 7.2-2　多孔式固体充填开采输送机主要技术参数

型号	$SGBC764/250$ 型
运输能力	500 t/h
整机长度	95 m
装机功率	250 kW
链速	1.2 m/s
中部槽长度	1750 mm
卸料口尺寸	345 mm×400 mm

7.3　工作面高效排矸工艺优化研究

7.3.1 夯实强度与采充比的对应关系

液压支架后部的夯实机构，其压实板理论压实强度计算如式(7-10)所示。

$$\sigma_{压实} = k\,\frac{2\sigma_{缸}\,\pi\left(\dfrac{l_{缸}}{2}\right)^2}{S} \tag{7-10}$$

式中：$\sigma_{压实}$ 为压实板压实强度，MPa；$\sigma_{缸}$ 为夯实油缸初撑强度，为 31.5 MPa；π 为圆周率，取 3.14；$l_{缸}$ 为液压油缸直径，160 mm；S 为压实板触矸表面积；k 为角度系数，取 0.85～1。

经式（7-10）计算得，夯实机构给予散体固体废弃物的压实强度为 1.52～1.85 MPa，该数值已经超出了工作面支架支护"小结构"内的顶板初始支护强度 0.8 MPa，所以散体固体废弃物并不可能直接达到为 1.52～1.85 MPa 应力条件下的密实度，其理论极限值为 0.8 MPa。而在现场应用中，夯实操作处于单侧约束条件，根据以往的监测数据反推计算，实际一般仅能达到理论压实强度的 20%～35%，即 0.3～0.532 MPa。

如果在完全放弃工作面推进速度，测试其极限可压实强度，则散体固体废弃物理论压实强度可以达到 0.8 MPa。而本项目的主旨在于消耗固废，因此，在测试阶段可以采取放弃推进速度的方式。结合理论可充填高度，分别计算 0.3～0.8 MPa 实际压实强度下，固体废弃物的压实后充实率、最终密实充实率、采充比（推算可充填量）。

可充填高度 h_c 的计算方法为：

$$h_c = h - d - h_{后} = h - c \times h - h_{后} \tag{7-11}$$

式中：h_c 为可充填高度，m；h 为采高，m；$h_{后}$ 为工艺未结顶高度，取 0.15 m；d 为顶板提前下沉量，m；c 为顶板提前下沉系数，取 0.05。计算得 h_c 可充填高度为 2.89 m。

压实后充实率的数值即压实条件下充填高度与采高的比值：

$$i_{压实} = \frac{h_c}{h} \tag{7-12}$$

初始充实率是不受压实强度变化影响的，其计算结果为 90.3%，即工作面理论最高初始充实率是 90.3%。根据前面几章的研究分析，实验工作面要达到较好的岩层控制水平，初始充实率的要求是达到 85%，即可充填高度 h_c 数值为 2.72 m，未达到理论最大值，因此是可以实现的。后续计算则以实际需求值充填高度 2.72 m 和 85% 初始充实率计算。

最终固体废弃物实际密实充填高度 $h_{16\,MPa}$ 的计算方法为：

$$h_{16\,MPa} = h_c\,\frac{(1 - i_{16\,MPa})}{(1 - i_{压实})} \tag{7-13}$$

式中：$i_{16\,MPa}$ 为 16 MPa 压实强度下固体废弃物压实度，根据力学测试数据查询；$i_{压实}$ 为夯实后固体废弃物压实度，根据力学测试数据查询。

不同压实强度下固体废弃物的压实度查询值见表 7.3-1。

表 7.3-1　不同压实强度下固体废弃物的压实度

应力/MPa	0.3	0.4	0.5	0.6	0.7	0.8
压实度	0.141	0.166	0.185	0.199	0.214	0.225

最终密实充实率 $k_{16\,MPa}$（顶板充分下沉，压实强度 16 MPa）的计算方法为：

$$k_{16\ MPa} = \frac{h_{16\ MPa}}{h} \tag{7-14}$$

等价采高 $h_{等价}$ 的计算方法为：

$$h_{等价} = h - h k_{16\ MPa} = h - h_{16\ MPa} \tag{7-15}$$

充采质量比的计算方法为：

$$A = \frac{\rho_{16\ MPa} \times h_{16\ MPa}}{\rho_{煤炭} \times h} \tag{7-16}$$

式中：$\rho_{16\ MPa}$ 为 16 MPa 压实强度下固体废弃物视密度，t/m^3；$\rho_{煤炭}$ 为煤炭密度，t/m^3；

经计算得出不同实际压实强度下的密实充填高度如图 7.3-1 所示。

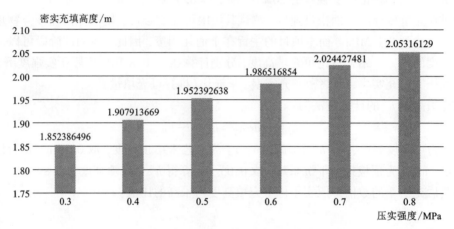

图 7.3-1　不同实际压实强度下的密实充填高度

不同实际压实强度下的密实充实率计算结果如图 7.3-2 所示。

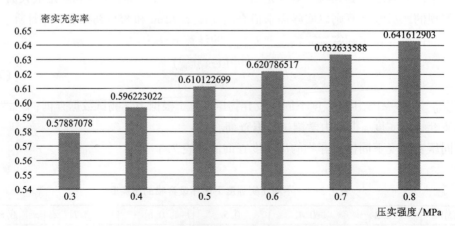

图 7.3-2　不同实际压实强度下的密实充实率

不同实际压实强度下的等价采高计算结果如图 7.3-3 所示。

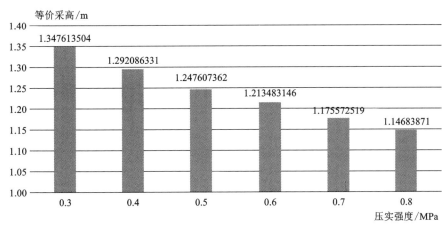

图 7.3-3　不同实际压实强度下的等价采高

不同实际压实强度下的充采质量比(达到要求初始充实率条件下)如图 7.3-4 所示。

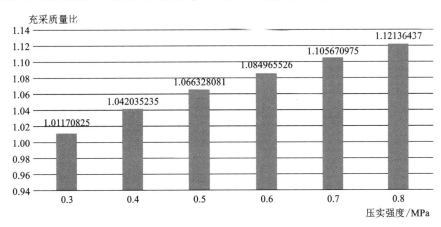

图 7.3-4　不同实际压实强度下的充采质量比

7.3.2　充采比控制监测指标范围划定

本节旨在研究在理论最小实际压实强度下(0.3 MPa),充采质量比的变化对初始充实率、密实充实率和等价采高的影响机制,确定充采质量比最低达标数值。充采质量比选择数据系列为:0、0.2、0.4、0.6、0.8、1.0、1.02(最低达标数值)、1.1。

充采质量比的详细计算公式如下式:

$$A = \frac{\rho_{0.3\,\text{MPa}} \times h_{0.3\,\text{MPa}} \times l \times W}{\rho_{煤炭} \times h \times l \times W} = \frac{\rho_{0.3\,\text{MPa}} \times h_{0.3\,\text{MPa}}}{\rho_{煤炭} \times h} \tag{7-17}$$

式中:$\rho_{0.3\,\text{MPa}}$ 为 0.3 MPa 压实强度下固体废弃物视密度,t/m^3;$h_{0.3\,\text{MPa}}$ 为初始充填高度,m;l 为推进距离,m;W 为工作面宽度,m。

则初始充填高度 $h_{0.3\,\text{MPa}}$ 的计算公式为:

$$h_{0.3\,\text{MPa}} = \frac{A \times \rho_{煤炭} \times h}{\rho_{0.3\,\text{MPa}}} \tag{7-18}$$

初始充实率 $k_{0.3\,\text{MPa}}$ 的计算公式为：

$$k_{0.3\,\text{MPa}} = \frac{h_{0.3\,\text{MPa}}}{h} = \frac{A \times \rho_{煤炭}}{\rho_{0.3\,\text{MPa}}} \tag{7-19}$$

将充采质量比设定数据系列导入公式计算，得到初始充实率的计算结果如图 7.3-5 所示。结果显示，要保障 85% 的初始充实率，则充采质量比应大于 1。

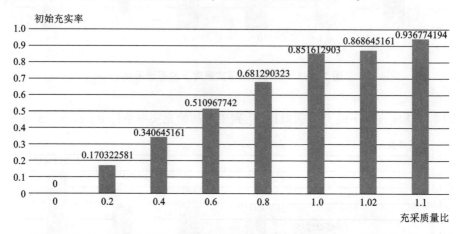

图 7.3-5　不同充采质量比下的初始充实率

密实充实率 $k_{16\,\text{MPa}}$ 的计算公式为：

$$k_{16\,\text{MPa}} = \frac{h_{16\,\text{MPa}}}{h} = \frac{A \times \rho_{煤炭}}{\rho_{16\,\text{MPa}}} \tag{7-20}$$

将充采质量比设定数据系列导入公式计算，得到密实充实率的计算结果如图 7.3-6 所示，等价采高如图 7.3-7 所示。

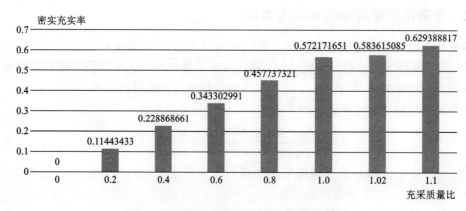

图 7.3-6　不同充采质量比下的密实充实率

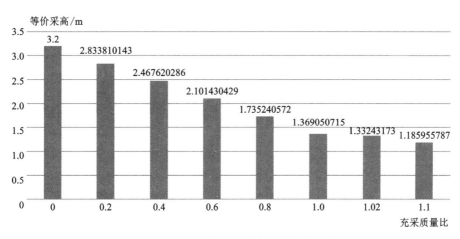

图 7.3-7 不同充采质量比下的等价采高

7.3.3 高效排矸多种工艺原理的设计

排矸工作主要靠安装在采煤充填液压支架上的多孔底卸式刮板输送机和夯实机构共同完成的。矸石通过多孔底卸式刮板输送机卸至采空区后，经过夯实机构反复夯实，最终达到密实充填的目的。

单台支架夯实过程如图 7.3-8 所示。

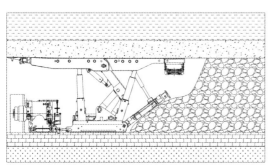

(a) 多孔底卸式刮板输送机初次
充填物料到一定高度工作示意图

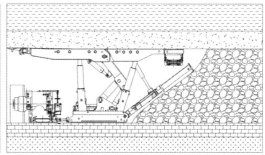

(b) 夯实机夯实充填断面中上部工作示意图

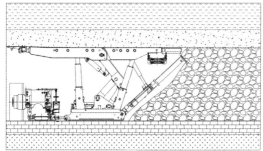

(c) 多孔底卸式刮板输送机拉移一个步距后
夯实机夯实充填断面上部示意图

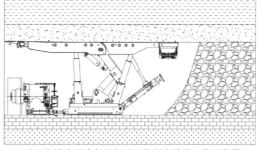

(d) 充填液压支架移架后及物料充填前工作示意图

图 7.3-8 单台支架夯实过程示意图

1. 分组排矸工艺设计(工作面分组顺序启闭)

排矸工艺按照采煤机的运行方向分为两个流程:一是从多孔底卸式刮板输送机机尾到机头;二是从多孔底卸式刮板输送机机头到机尾。

(1)从多孔底卸式刮板输送机机尾到机头排矸

当采煤机从多孔底卸式刮板输送机机尾向机头方向割煤时,排矸作业需要从多孔底卸式刮板输送机机尾到机头进行。

排矸流程:在采煤机割煤并且移架后,打开多孔底卸式刮板输送机插板,进行排矸。

排矸顺序:由多孔底卸式刮板输送机机尾向机头方向进行排矸。

排矸方式:分组排矸,每3台支架一组,每组由一个人控制;设计3组同时排矸;当第一组排矸完毕后移至第三组的下一组排矸,以此类推。

当整个工作面全部充满,停止第一轮排矸,将多孔底卸式刮板输送机拉移一个步距,移至支架后顶梁前部,用夯实机构把多孔底卸式刮板输送机下面的物料全部推到支架后上部,使其接顶并夯实,最后关闭所有卸料孔,对多孔底卸式刮板输送机的机头进行排矸。第一轮排矸完成后将多孔底卸式刮板输送机推移一个步距至支架后顶梁后部,开始第2轮排矸。

从机尾向机头割煤排矸工艺如图7.3-9所示。

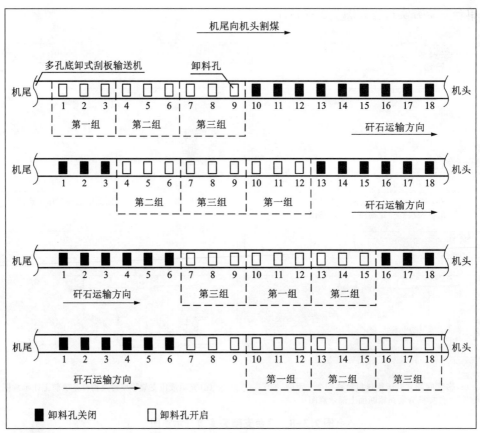

图7.3-9 从机尾向机头割煤排矸工艺示意图

（2）从多孔底卸式刮板输送机机头到机尾排矸

当采煤机从多孔底卸式刮板输送机机头向机尾方向割煤时，排矸作业需要从多孔底卸式刮板输送机机头到机尾进行。

排矸流程：在采煤机割煤并且移架后，打开多孔底卸式刮板输送机插板，进行排矸。

排矸顺序：由多孔底卸式刮板输送机机头向机尾方向进行排矸。

排矸方式：分组排矸，每 3 台支架一组，每组由一个人控制；设计 3 组同时排矸；当第三组排矸完毕后移至第三组的下一组排矸，以此类推。

当整个工作面全部充满，停止第一轮排矸，将多孔底卸式刮板输送机拉移一个步距，移至支架后顶梁前部，用夯实机构把多孔底卸式刮板输送机下面的物料全部推到支架后上部，使其接顶并夯实，最后关闭所有卸料孔，对多孔底卸式刮板输送机的机头进行排矸。第一轮排矸完成后将多孔底卸式刮板输送机推移一个步距至支架后顶梁后部，开始第 2 轮排矸。

从机头向机尾割煤排矸工艺如图 7.3-10 所示。

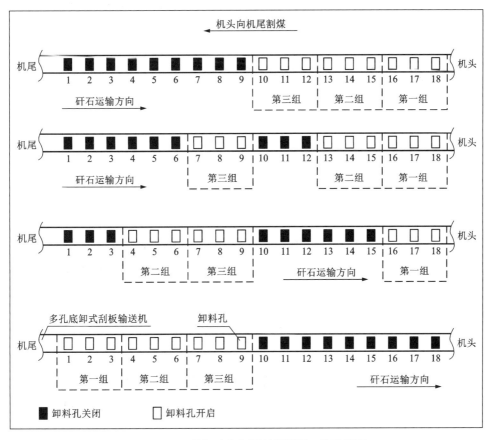

图 7.3-10　从机头向机尾割煤排矸工艺示意图

2. 顺序排矸工艺设计（全断面顺序启闭）

卸料孔与移架、采煤机切割方向的匹配工艺如图 7.3-11 和图 7.3-12 所示。具体工艺过程为：

（1）当采煤机割煤方向与后部输送机运输方向相同时：

a. 卸料孔全部打开；b. 卸料孔滞后移架逐个关闭（滞后时间等于主卸料孔下部矸石充满时间）；c. 卸料孔关闭（$n-2$）个。

（2）当采煤机割煤方向与后部输送机运输方向相反时：

a. 卸料孔关闭（$n-2$）个；b. 卸料孔滞后移架逐个开启（滞后时间等于主卸料孔下部矸石充满时间）；c. 卸料孔全部打开。

注：卸料孔总数为 n 个，为防止后部填充矸石材料损坏多孔底卸式机尾部电机，应始终保持至少 2 个卸料孔打开，即机尾部第 n 个和第 $n-1$ 个卸料孔保持打开状态。

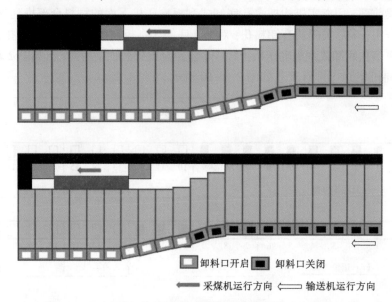

图 7.3-11　采煤机与多孔底卸式输送机运行方向相同时工艺

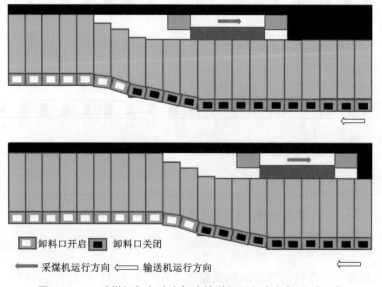

图 7.3-12　采煤机与多孔底卸式输送机运行方向相反时工艺

7.3.4　工作面排矸工艺实施注意事项

根据固体废弃物充填在其他矿区的应用经验，总结以下几点注意事项用以参照，以更加确保工业性实验可靠运行。工业性实验包括沿充留巷，充填目的由完全处理固废延伸到处理固废的同时，降低等价采高、弱化支承压力，对沿充留巷产生积极影响。尤其是在工业性实验阶段，应首先保持初始充实率达到 85% 以上，随着采煤队对充填工艺逐渐熟悉和工作面矿压、岩层移动和巷帮支护体力学参数变化信息的逐渐掌握，再适当降低充实率，提高工作面推进速度，并进一步实现充填与采煤并行追机作业。

1. 初始充实率保障

初始充实率保障，即在充填过程中，确保充填物料堆积高度最终接顶。保障方法为：当固废自然堆积到接近充填刮板输送机位置时及时进行夯实，夯实距离需达到夯实机行程最大值，至夯实机行程推进产生明显滞涩感为止（说明固废已经产生一定程度自然胶结性），在初始充实率条件下，顶板欠结顶高度不大于 500 mm。

2. 密实充实率保障

密实充实率是散体固体废弃物经过累计夯实后实际达到的充实率。结合纯矸石压实实验测试结论，散体材料在夯实阶段仅能达到欠固结状态，而工业性实验阶段充填理论表明初始充实率应确保达到 85% 以上，才能确保覆岩充分下沉后最终密实充实率接近 57%。密实充实率提高将有利于充填体与工作面支架形成良好的承载系统，随着工作面推进逐渐形成密实充实率保障和支架承载的良性循环。保障方法为：在每一个夯实操作点均进行充分夯实，至充填全断面均产生明显滞涩感为止。

3. 支架初撑力保障

因本次工业性实验并未采用电液控系统，且支架支护质量监测仅能对部分支架进行工作阻力监测，无法实时掌握全工作面支架工作质量。基于充填开采支架限定变形支护理论和其他矿区实验结论，支架初撑力大小及支架初撑力执行率大小对充填质量会产生明显影响。支架初撑力如一直处于较低水平，会逐渐影响充实率和充填体。保障方法为：务必确保支架在移架后，对支架四根立柱均进行充分打压，以确保支架工作质量。

4. 后部输送机保护

根据其他矿区的应用经验，充填开采液压支架后部悬挂的充填输送机（后刮板输送机）属于工作面相对易损的设备，其损坏形式一般为移架过程中的哑铃联结位置损坏（后悬挂滑动装置卡死导致）和夯实过程中的液压油管损坏（夯实系统夯实损坏，在某矿发生过伤人事故）。现场工业性实验中的处理办法为：移架工序中先采用两轮分组半截深步距移动（一次前移半个步距，避免两台支架错距一次直接达到 1 个步距）；采用液压油缸拉拽后刮板机前移过程中，除了拉拽过程中的液压油缸处于带压状态，输送机其他油缸要保持卸压（半卸压）状态，避免全带压移动；要求工人在夯实过程中务必观察后部夯实位置，避免其与充填输送机及其液压油管发生直接碰撞。

5. 防止固废端部堆积

支架后部充填输送机通过开启矩形卸料窗口进行卸料，工业性实验期间为保障充实率可采用工作面分组顺序启闭（每组至少开启 3 个）或者全断面顺序启闭方法进行充填。为防止输送机尾部带矸过多,输送机在运行过程中,务必同时开启靠近机尾工作面内部至少2个卸料窗口,防止端部矸石积压。

6. 防止矸石自然发火

葫芦素煤矿工业性实验期间开采的2-1、2-2煤层均为可燃煤层且具有煤尘爆炸倾向,即煤层含硫比例和可燃挥发分比例较高。本次工业性实验使用固废以洗选矸石为主,不排除自然发火倾向。同时,充填入采空区的矸石同时具备了自然堆积高度(≥0.4 m)、不充分供氧条件(工作面通风)、有效蓄热条件(高孔隙率、初期固结和工作面较慢推进速度)的自然发火的所有条件,且因工业性实验期间工作面推进速度较慢,以上所有条件同时存在时间较长,极有利于采空区自然发火的发生。预警办法为:在工作面下风口处(充填转载机位置)安设矿用本安型一氧化碳监测仪表一部。一旦一氧化碳超限发生报警,必须全工作面停车,及时采取防灭火处理。

第8章

井下掘进、起底矸石破碎系统

葫芦素煤矿井下可以分选出来的矸石主要为掘进和起底矸石，据调研，此部分矸石量为 300 m³/d，粒径分布在 0~1000 mm，其中粒径 700~1000 mm 特大块矸石占比较小，目前此部分矸石进入主煤流或由无轨胶轮车拉至副井排放地面。

将井下掘进、起底矸石就地破碎，用于充填工作面，不但可以实现矸石不升井、减少矸石无效运输，还可以增加井下充填工作面的矸石来源，具有重要意义。

8.1 井下矸石破碎站布置方案

8.1.1 主要设计原则

1. 矸石破碎站与煤矿生产系统相互独立

矸石井下运输和破碎系统不能影响井下生产，因此在设计上需增强系统先进性和可靠性，技术方案和设备选型应充分考虑与井下充填工作面生产制度的衔接和差异，实现各系统互相独立、生产可靠。

2. 系统简单，尽量利用现有井巷

矸石井下破碎系统应尽量简化，充分利用现有巷道，少掘巷道，使井下矸石破碎站尽早投入使用。

3. 矸石破碎站生产能力及服务时间确定

葫芦素煤矿井下掘进和起底矸石量按照 300 m³/d 进行设计。

矸石破碎站不仅要服务 CT21201 充填工作面，还要兼顾考虑后续充填工作面，优化破碎站布置方式，实现一个破碎站，服务多个充填面。

8.1.2 矸石破碎系统布置方案

1. 破碎站位置选择

矸石破碎站的位置要综合考虑与 CT21201 充填工作面运矸系统的衔接，并要兼顾后续充填工作面，实现一个破碎站服务多个充填工作面的目标。

矸石破碎站最终要与 CT21201 运矸巷进行搭接，根据葫芦素煤矿采掘现状与巷道利用情况，在工作面辅运巷附近与 CT21201 运矸巷连接的巷道有 1L 和 2L，其中 1L 被电气设备所占用，2L 可作为破碎硐室检修巷，破碎站选择位置如图 8.1-1 所示。

图 8.1-1　井下破碎站位置

2. 系统布置

在 2L 东侧有一段 30 m 的盲巷，该巷道可作为矸石破碎硐室检修联络巷，在 21204 副回风巷东侧 30 m 的西翼辅助运输大巷中向该盲巷施工 80 m 的储料硐室联络巷，兼做通风和矸石进料、储料功能，在工作面回撤巷道(后期巷道)向东施工 60 m 巷道作为矸石破碎站的出矸通道，在出矸通道与矸石破碎硐室检修联络巷之间布置矸石破碎站。矸石破碎系统布置如图 8.1-2 所示。

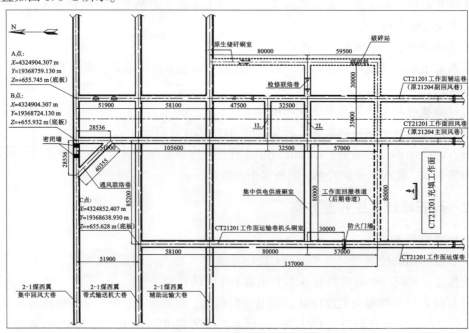

图 8.1-2　矸石破碎系统布置图

（1）矸石运输路线

东、西翼掘进矸石和起底矸石通过无轨胶轮车进入储矸硐室联络巷，通过倒车硐室完成倒车后将矸石直接卸载至储矸硐室。

（2）矸石储料能力计算

设计储矸硐室长度为 74 m，巷道宽度为 5.4 m，巷道高度为 4.0 m，矸石堆积高度为 1.8 m，则矸石储料能力为：74 m×5.4 m×1.8 m×0.5 =360 m³，折合矸石质量 720 t。

（3）储矸硐室联络巷及储矸硐室断面及支护方式

储矸硐室联络巷设计为矩形断面，断面尺寸为 5.4 m（宽）×4.0 m（高），采用锚网喷支护，喷射混凝土厚度为 100 mm，锚杆杆体材料采用 HRB400 左旋螺纹钢筋，直径为 22 mm，锚杆锚深为 2450 mm，锚杆外露长度为 50 mm；锚杆托板采用 HPB400 钢板，规格为 150 mm×150 mm×12 mm。锚索采用 ϕ21.8 mm×7200 mm 的钢绞线，托盘采用 300 mm×300 mm×16 mm 拱形钢托板，钢筋网采用 HPB300 钢筋（ϕ=6.5 mm）制作，网格为 100 mm×100 mm，网片搭接一个完整的网格，使用 14 号钢丝双股绑扎。储矸硐室联络巷支护参数如图 8.1-3 所示。

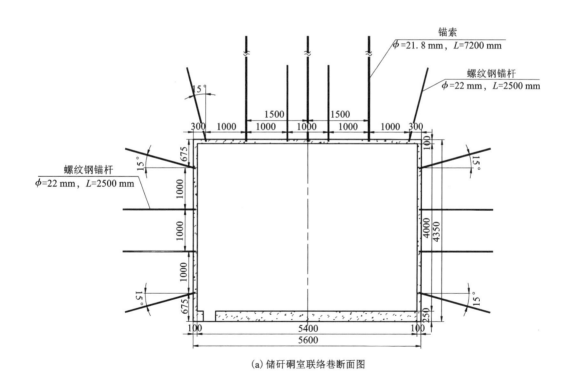

（a）储矸硐室联络巷断面图

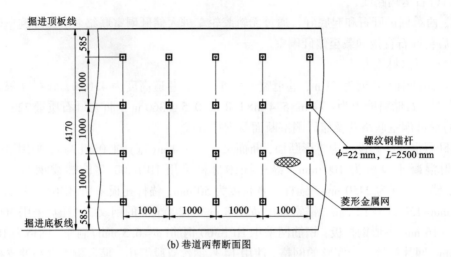

(b) 巷道两帮断面图

图 8.1-3　储矸硐室联络巷支护示意图

8.1.3　矸石破碎站布置方案

1. 二级破碎与闭路破碎的选择

葫芦素煤矿井下矸石充填方式为多孔底卸式刮板输送机卸矸充填,对于固体充填方式,作为充填骨料的矸石,其粒级组成没有特别严格的要求。由于投放井较深,为了减少投放矸石对投放井缓冲器的冲击力,设计要求地面破碎矸石的粒径小于 50 mm。此次矸石破碎站拟在井下布置,可适当放宽矸石破碎出料粒径等级,考虑到多孔底卸式刮板输送机卸料孔的尺寸为 450 mm×450 mm,为使破碎后的矸石顺利从多孔底卸式刮板输送机卸料到采空区中,要求破碎后的矸石出料粒径小于 80 mm(不能出现大于 100 mm 的长条,防止卡在落料口卡断刮板链)。

井下矸石破碎站进料最大粒径 1000 mm,出料粒径小于 80 mm,破碎比大于 3。基于系统可靠性要求与简化工艺布置的原则,设计选择二级破碎系统,首先由一级破碎将井下矸石原料加工为粒径小于 300 mm 的骨料,再由二级破碎将粒径小于 300 mm 的骨料破碎至粒径小于 80 mm。由于破碎机对于粒度上限的控制并不十分精确,无法完全杜绝超限粒级的矸石,为了简化矸石破碎系统,可通过调节破碎机出口大小来调节。

2. 破碎设备的选择

目前常用的破碎设备见 4.2.2 小节。

据调研,目前国内矸石充填矿井(部分)破碎机选用类型如表 8.1-1 所示。

表 8.1-1　矸石充填矿井(部分)破碎机选用类型

序号	煤矿名称	破碎机名称	型号	主要参数
1	花园煤矿	颚式破碎机(地面)	PE1060	入料粒度不大于 600 mm,出料粒度不大于 100 mm,处理能力 300 t/h,功率 110 kW,电压 660 V
		反击式破碎机(地面)	PF1214	入料粒度不大于 100 mm,出料粒度不大于 50 mm,处理能力 300 t/h,功率 132 kW,电压 660 V
		锤式破碎机(地面)	PC1000	入料粒度不大于 600 mm,出料粒度不大于 100 mm,处理能力 150 t/h,功率 75 kW,电压 660 V
		齿辊式破碎机(井下)	2PLF90/120	齿辊直径 900 mm,齿辊长度 1200 mm,入料粒度 ≤1000 mm,出料粒度 ≤250 mm 破碎能力 400~600 t/h,功率 110 kW,电压 660/1140 V
		齿辊式破碎机(井下)	2PLF90/200	齿辊直径 900 mm,齿辊长度 2000 mm,入料粒度 ≤250 mm,出料粒度 ≤50 mm,处理能力 400 t/h,功率 160 kW,电压 660/1140 V
2	济三煤矿	齿辊式破碎机(井下)	2PLF90/150	齿辊直径 900 mm,齿辊长度 1500 mm,入料粒度 ≤1000 mm,出料粒度 ≤100 mm,处理能力 600~1000 t/h,电动机功率 160 kW,电压 660/1140 V
3	平煤十二矿	鄂式破碎机(地面)	PE-1200×1500	进料粒度:≤1000 mm;出料粒度:50 mm;处理能力:800 t/h;
4	唐山煤矿	颚式破碎机(地面)	—	功率 130 kW
		齿辊式破碎机(井下)	2PLF400	处理能力 400 t/h
		齿辊式破碎机(井下)	2PLF70/150	处理能力 150~200 t/h,出料粒度 50~300 mm
5	五沟煤矿	颚式破碎机(地面)	PE-1200×1500	处理能力 400~800 t/h
6	杨庄煤矿	颚式破碎机(地面)	PE-1200×1500	处理能力 400~800 t/h,电机功率 160~220 kW
7	泰源煤矿	颚式破碎机(地面)	PE-1200×1500	处理能力 400~800 t/h,电机功率 220 kW
8	翟镇煤矿	颚式破碎机(地面)	PE-800	进料口尺寸 800 mm×1060 mm,最大进料粒度 640 mm;处理能力 130~330 t/h;功率 110 kW;外形尺寸 2710 mm×2430 mm×2800 mm

　　综上所述,本方案要求二级破碎至粒度 80 mm 以下,粒形好且能调整出料粒度,适合采用齿辊式破碎机。

3. 上料方式的选择

将矸石从储矸硐室给料至一级破碎机喂料口有三种常用方式。

（1）耙斗装岩机

优点：使用耙斗装岩机可以实现连续给破碎站给料，且可以控制矸石破碎站矸石破碎能力。

缺点：需从储矸硐室将矸石转载至耙斗装岩机处，增加了一处矸石转运环节，且耙斗装岩机只能从固定位置将矸石上料至一级破碎机，灵活性较差。

（2）矿用装载机

优点：使用矿用装载机进行上料较灵活，矿用转载机可将不同位置处矸石铲运至一级破碎机喂料口中。

缺点：上料不均匀，对一级破碎机齿辊冲击力较大，易发生卡齿现象。

（3）矿用装载机+重型刮板给料机

使用矿用装载机+重型刮板给料机方式上料，可实现对一级破碎机均匀上料，且重型刮板给料机本身结构坚固，可调节对一级破碎机的给料量。

综上，推荐使用矿用装载机+重型刮板给料机将矸石从储矸硐室给料至一级破碎机喂料口。

4. 工作制度及系统能力

本着连续储矸、集中充填的设计原则，掘进、起底矸石井下运输通道和破碎系统之间设置储矸硐室，用来平衡矸石的来料不均匀性与破碎连续性之间的矛盾。

根据刮板输送机卸矸充填地面与井下矸石运输系统设计，前期井下运输系统的能力暂按 1.0 Mt/a 进行设计，后期根据工业性实验的效果，对运输系统进行扩能改造。考虑运输不均衡性、井下开机率等因素后，应达到的每小时输送能力 q 为：

$$q = \frac{Q k_2}{n k h k_1} \tag{8-1}$$

式中：Q 为矿井年产矸石量，1.0 Mt/a；n 为矿井年工作日，330 天；h 为工作面生产班时间，三八制取 16 h；k 为正常循环率，0.86；k_1 为排矸设备平均开机率，0.6~0.85，取 0.75；k_2 为运输不均衡系数，1.15。

代入以上数据，可知井下运输系统能力需要达到 338 t/h，考虑一定富裕系数后，正常矸石运输系统矸石峰值运量为 350 t/h。

为了使井下矸石破碎站的矸石产量尽量满足充填工作面矸石量需求，并兼顾考虑后期井下掘进、起底矸石量增大的可能性，最终确定井下破碎系统小时设计能力 $q = 300$ t/h。储矸硐室储矸能力为 720 t，则可当地面矸石无法运输至井下充填时储矸硐室内矸石可供充填工作面充填 2.4 h。

8.2　矸石破碎站主要设备

8.2.1　主要设备选型

根据确定的工艺技术方案，依据系统小时设计能力 $q = 300$ t/h 对矸石井下运输和破碎系统各环节进行了设备选型。

破碎站主要设备选型见表 8.2-1。

表 8.2-1　破碎站主要设备选型表

序号	设备名称	技术特征	台数
1	重型刮板给料机	链板宽度 1200 mm，有效长度 20000 mm，运行速度 0.081～0.27 m/s，功率 45 kW，变频调速	1
2	一级破碎机(双齿辊)	处理能力 300 t/h，入料粒径 0～1000 mm，出料粒径 0～300 mm，功率 2×160 kW	1
3	二级破碎机(双齿辊)	处理能力 300 t/h，入料粒径 0～300 mm，出料粒径 0～80 mm，功率 2×90 kW	1
4	矸石带式输送机	处理能力 300 t/h，宽度 1000 mm，速度 1.6 m/s，倾角 14°，长度 17 m，功率 30 kW	1

现场破碎站如图 8.2-1 所示。井下矸石破碎站设备布置图如图 8.2-2 所示。

(a) 转载皮带　　　　　　　　　　　(b) 二级破碎机

(c) 重型上料刮板　　　　　　　　　(d) 一级破碎机

图 8.2-1　破碎站现场图

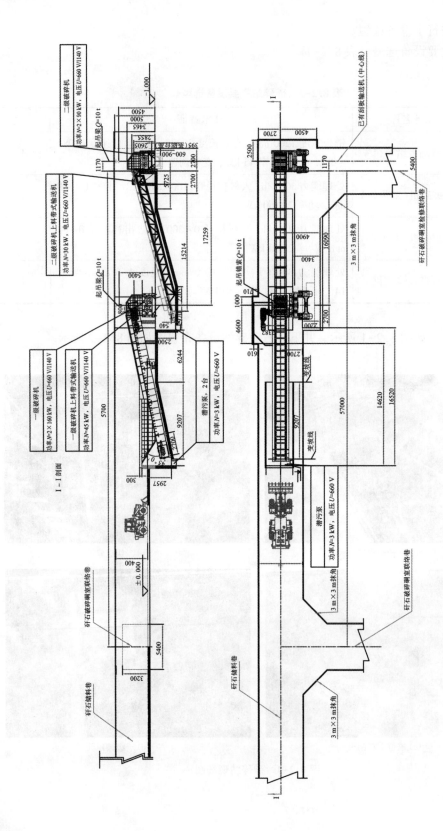

图8.2-2 井下矸石破碎站设备布置图

8.2.2　配电控制系统

1. 配电系统

井下破碎系统设备安装容量为 419.00 kW，设备工作总容量为 419.00 kW。计算负荷为：有功功率 $P=335.20$ kW，无功功率 $Q=251.40$ kvar，视在功率 $S=419.00$ kV·A。

在井下矸石破碎硐室设配电点，1 回路 10 kV 电源取自井下二盘区变电所，硐室内设 1 台 KBSGZY-1000/10/0.69 矿用隔爆型移动变压器，1 台 QJZ2-1600/1140（660）-10 矿用隔爆型多回路组合开关，为井下矸石破碎系统设备提供 660 V 电源。配电系统见图 8.2-3。

矸石破碎站配电控制设备器材名称及主要技术特征见表 8.2-2。

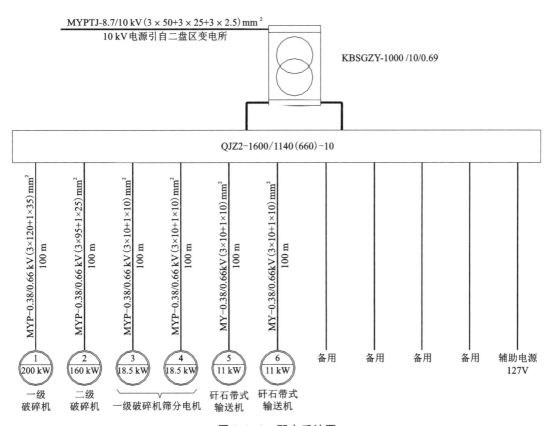

图 8.2-3　配电系统图

表 8.2-2　矸石破碎站配电控制设备器材表

顺序	设备器材名称	主要技术特征	单位	数量
1	矿用隔爆型移动变压器	KBSGZY-1000/10/0.69	台	1
2	矿用隔爆型多回路组合开关	QJZ2-1600/1140（660）-10	台	1

续表8.2-2

顺序	设备器材名称	主要技术特征	单位	数量
3	煤矿用移动金属屏蔽监视型橡套软电缆	MYPTJ-8.7/10 kV(3×50+3×25+3×2.5)mm²	m	500
4	煤矿用移动屏蔽橡套软电缆	MYP-0.38/0.66 kV(3×120+1×35)mm²	m	100
5	煤矿用移动屏蔽橡套软电缆	MYP-0.38/0.66 kV(3×95+1×25)mm²	m	100
6	煤矿用移动屏蔽橡套软电缆	MYP-0.38/0.66 kV(3×10+1×10)mm²	m	200
7	矿用隔爆兼本质安全型PLC控制柜		台	1
8	煤矿用移动橡套软电缆	MY-0.38/0.66kV(3×10+1×10)mm²	m	200
9	局部接地极	G50，$L=1700$ mm	根	1
10	接地线	镀锌扁钢-50×4	m	100

2. 控制系统

采用PLC对井下矸石破碎系统进行保护和控制，在破碎硐室内设矿用隔爆兼本质安全型PLC控制柜1台，对破碎系统破碎机及矸石带式输送机启、停操作进行控制，同时采集破碎机及矸石带式输送机运行状态进行监控，当故障出现时自动报警并停机。PLC控制柜留有标准以太网接口，便于与井下矸石充填系统集中控制后台进行通信，并可以通过综合自动化网络将井下矸石破碎系统运行信息上传至地面调度室。

第9章

充填开采沿充留巷系统

9.1 沿充留巷基本原理

沿充留巷技术在我国应用十分广泛,但基本上是在以垮落法采煤为基础上实施的。由于垮落法开采矿压显现比较剧烈,为了及时有效切顶,巷旁支护体需要具有较高的支护阻力;同时,为了防止巷道顶板的离层,巷内支护体也需要较高的强度。垮落法顶板活动规律如图9.1-1(a)所示。

而充填开采具有和垮落法开采不同的矿压显现特征,由于采空区充填体对上覆岩层起到了支撑作用,使得顶板变形较小、移动较缓和,为沿充留巷提供了良好的条件。从实测结果可以看出,充填采煤条件下采空区顶板基本没有垮落,仅仅形成了少量裂隙带和弯曲下沉带;巷道顶板一端固定在煤壁上方,另一端固定在采空区充填体上方,形成了两端固支的结构(如图9.1-1(b)所示),巷旁支护体的切顶高度显著降低。同时,支架夯实机构对采空区充填体的反复夯实会产生巨大的侧向力,该侧向力会对巷旁支护体的稳定性造成影响,因此,需要从工艺角度确定巷旁支护体支设与夯实操作的流程关系,确保夯实操作不会引起巷旁支护体倾倒。

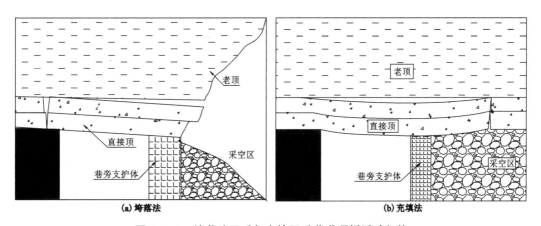

图9.1-1 垮落法开采与充填开采巷道顶板活动规律

9.2 沿充留巷模拟分析

9.1.2 物理相似模拟

为研究工作面固体充填开采条件下沿充留巷覆岩运移特征，采用物理相似模拟方法，分析充填作用下的覆岩运移规律。相似模拟是以相似理论为基础，利用事物或现象间存在的相似或类似特征来研究自然规律的物理模拟法，具有实验条件易控、周期短、效率高、实验过程可重复和实验结果直观形象等优势，能最大限度地反映事物本质和内在联系，特别适用于用理论和现场实测方法无法获得结果的研究领域，在采矿、水利和土建等领域中应用广泛，尤其是在矿山开采的研究方面。

1. 相似模型参数

相似材料模拟实验是根据相似理论，在室内采用某些相似材料，遵循一定的相似比，将实际的矿山岩层做成模型，在模型上模拟煤层开采，观测、记录模型上的岩层移动和破坏情况，从而根据模型上的岩层移动变形、破坏及开采影响范围等情况来推测、分析原型中所发生的采动效应。相似模拟须遵循三大基本定理，分别为：①相似准数不变，即相似指标为1；②现象的物理方程可变成相似准数组成的综合方程，现象相同，其综合方程必须相同；③在几何相似系统中，具有相同文字关系方程式，单值条件相似，且由单值条件组成的相似准数相等，则两现象相似。对于由岩层自重形成的原岩应力场，要求模型与原型的牛顿准则不变，即模型与原型必须满足几何相似、物理相似、时间相似和边界条件相似。模型要用和原型力学性质相似的材料，按照一定的几何比例模拟岩层和煤层，在满足边界条件相似的初始条件下进行开采，可在相应时间内造成相似的矿山压力现象。

相似材料混合物包括两方面的原料：骨料和胶结物。骨料一般多用砂子、云母粉和滑石等，胶结物有石膏、石蜡、碳酸钙和水泥等。通过对不同配比的试块强度进行测试，选定合适的配比制作岩层的相似材料。模型各岩层参数选取时，以岩石单向抗压强度为主要相似物理量，同时要求其他各物理量近似相似。将原型(P)和模型(M)之间具有相同量纲的物理量之比称为相似比尺，一般用字母 C 表示。根据相似理论，原型和模型应满足如下相似关系：

(1)应力相似比尺 C_σ、容重相似比尺 C_γ 和几何相似比尺 C_L 应满足 $C_\sigma = C_\gamma C_L$ 的关系；

(2)位移相似比尺 C_δ、几何相似比尺 C_L 和应变相似比尺 C_ε 应满足 $C_L = C_\delta C_\varepsilon$ 的关系；

(3)弹性模量相似比尺 C_E、应力相似比尺 C_σ 和应变相似比尺 C_ε 应满足 $C_E = C_\sigma C_\varepsilon$ 的关系；

(4)原型和模型所有量纲的物理量的相似比尺等于1，相同量纲物理量的相似比尺相等，即 $C_\varepsilon = 1$、$C_\alpha = 1$、$C_f = 1$ 和 $C_\mu = 1$。

根据相似理论，可以确定相关相似常数如下：

（1）容重相似常数 $C_\gamma = 1.5$

（2）几何相似常数 $C_L = 40$

（3）应力相似常数 $C_\sigma = C_\gamma C_L = 60$

（4）动力和载荷相似常数 $C_F = C_L^3 C_\gamma = 96000$

（5）时间相似常数 $C_t = C_L^{0.5} = 6.32$

（6）速度相似常数 $C_v = C_L C_t = 252.8$

　　结合相似材料选择及其配比的相关基本原理，相似模拟实验中以水、河沙、大白粉和石膏为相似材料，开采煤层及顶底板以单轴抗拉强度为主要参考指标，采用云母模拟岩层之间的分层。相似模型材料配比如表 9.2-1 所示。

表 9.2-1　相似模型材料配比

序号	岩性	原岩厚度/m	模型厚度/cm	配比号	耗材占比		
					河沙	石膏	大白粉
7	砂质泥岩	21.6	54	846	8.53	0.43	0.64
6	细粒砂岩	26.2	65.5	819	8.56	0.12	0.92
5	粉砂岩	4.91	12.3	828	8.53	0.21	0.86
4	煤线	0.25	0.6	846	8.53	0.43	0.64
3	粉砂岩	1.91	4.8	828	8.53	0.21	0.86
2	2-1煤	3.47	8.7	846	8.53	0.43	0.64
1	砂质泥岩	4.39	11	846	8.53	0.43	0.64

　　相似模拟采用 ZMNY-ISV 物理相似模拟实验装置，模型尺寸为 3.0 m×0.2 m×1.6 m，相似模拟模型如图 9.2-1 所示。

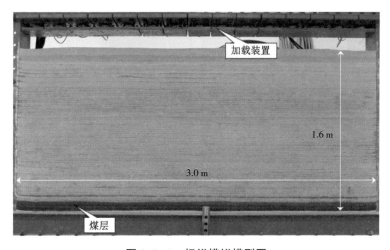

图 9.2-1　相似模拟模型图

2. 覆岩运移特征

相似模拟模型从左往右依次开挖，左侧留设 15.0 cm 的保护煤柱，防止边界效应对相似模拟结果的影响。模型开采高度为 8.7 cm，相当于实际煤层厚度 3.2 m；模型开挖步距 8.0 cm。采用自制的充填物模拟工作面采空区充填体，同时利用高清数码照相机拍摄记录工作面不同推进距离时上覆岩层运移特征。实验设计采空区充填体滞后工作面距离为 6.4 m，工作面不同推进距离时的上覆岩层运移特征如图 9.2-2 所示。

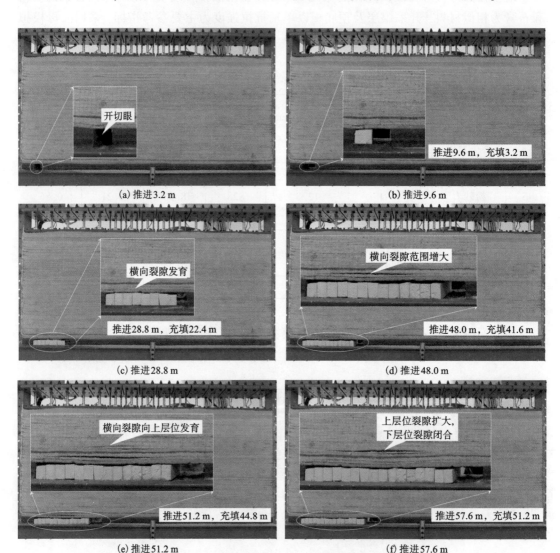

(a) 推进 3.2 m　　　　　　　　　　　(b) 推进 9.6 m

(c) 推进 28.8 m　　　　　　　　　　　(d) 推进 48.0 m

(e) 推进 51.2 m　　　　　　　　　　　(f) 推进 57.6 m

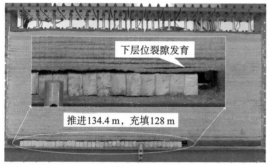

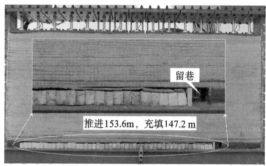

图 9.2-2 工作面不同推进距离时的上覆岩层运移特征

由图 9.2-2 可知：在采空区充填体作用下，工作面不同推进距离时的上覆岩层运移特征不同，主要表现为横向裂隙的发育、扩大和闭合。图(a)是工作面推进 3.2 m 时的上覆岩层变化特征，此时工作面覆岩较为稳定；当工作面推进 9.6 m 时，开始进行第一次充填，充填体宽度为 3.2 m，此时工作面上方直接顶出现细微裂缝，工作面顶板开始出现宏观变形；工作面推进至 28.8 m 时，直接顶横向裂隙发育；推进至 48.0 m 时，横向离层裂隙范围和裂缝宽度变大，且裂缝向覆岩上层位发展；推进至 51.2 m 时，靠近下层位的横向裂缝宽度达到最大值，且上层位裂缝宽度变大，并逐渐向上层位发展；推进至 57.6 m 时，下层位的横向离层裂缝逐渐闭合，上层位的裂缝范围和宽度进一步变大；推进至 99.2 m 时，下层位的横向裂隙发育贯通；推进至 105.6 m 时，裂缝宽度和裂缝发育高度均变大；推进至 134.4 m 时，贯通裂缝逐渐向上层发育；推进至 153.6 m 时，采空区上方直接顶出现断裂，断裂岩块与采空区充填体接触，且在巷旁充填体支撑作用下，靠近留巷侧的上覆岩层未出现离层裂缝，留巷围岩稳定性较高。

分析上述现象产生原因可知：采空区充填体占据了工作面采空区域，降低了上覆岩层的移动空间，并逐渐对上覆岩层提供支撑力，下位岩层横向离层裂缝在上位岩层压缩和下方采空区充填体支撑的综合作用下，横向离层裂缝逐渐闭合，此过程增大了上位岩层的移动空间，使得在下位岩层离层裂缝宽度逐渐闭合的同时，上位岩层离层裂缝范围和宽度变大。对比采空区充填作用下工作面不同推进距离时的上覆岩层运移特征，离层裂缝范围和宽度由下层位逐渐向上层位发育和扩展，但覆岩完整性较高，覆岩仅发育高度较小的横向裂隙带，其变形以弯曲下沉为主，未出现传统垮落法开采的周期性破断和垮落。同时巷旁充填体可以为靠近留巷侧的采空区上覆岩层提供支撑力，限制或减小上覆岩层的移动变形，进而降低巷内支护结构的载荷，保证留巷围岩的整体稳定性。

为进一步分析在采空区充填体作用下，工作面开采过程中的上覆岩层运移特征，提取工作面不同推进距离时的顶板最大下沉量，建立顶板最大下沉量随工作面推进距离的变化曲线，如图 9.2-3 所示。

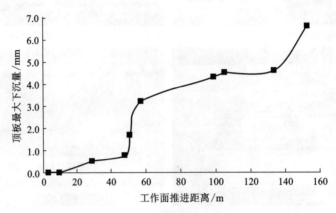

图 9.2-3　工作面不同推进距离时的顶板最大下沉量

由图 9.2-3 可知：顶板最大下沉量随工作面推进距离的变化趋势是先增大，之后下沉量增大幅度减小。工作面推进 48.0 m 至 57.6 m 时，顶板下沉量快速增大，由 0.8 mm 增大到 3.2 mm，增幅较大；工作面推进 57.6 m 至 134.4 m 时，顶板最大下沉量增大幅度减缓，可以认为工作面顶板下沉量达到最大值，下沉最大量约为 4.6 mm；工作面推进至 153.6 m 时，顶板最大下沉量为 6.6 mm，此时由于该位置的直接顶破断垮落，导致该位置的顶板下沉量最大。综合工作面不同推进距离时的顶板最大下沉量可知，采空区充填体占据了采空区域，降低了上覆岩层可移动空间，使得顶板下沉量较小，顶板完整性和稳定性较高。同时对比图 9.2-2(j) 可知，在巷旁充填体支撑作用下，靠近留巷侧的上覆岩层未出现离层裂隙，留巷内的顶板下沉量为零，即巷旁充填体改善了留巷围岩的应力环境，保证了留巷围岩的整体稳定性。

9.2.2　沿充留巷数值模拟

充填率对留巷的稳定性产生直接影响，具体包含了对大结构基本顶关键层的影响及对小结构等效充填关键层的影响。

1. 充填率对基本顶关键层的影响

充填是实现留巷顶板大结构不发生破断、保持稳定的根本。充填率越高，基本顶关键层所产生的运动与挠曲程度越低，结构承载能力得到提升，降低顶板覆岩对巷道的作用力。反之，充填率不足，巷道仍将处于顶板的高应力作用下，不利于巷道的稳定。

2. 充填率对等效充填关键层的影响

充填高度影响等效充填关键层厚度，充填率越大，等效充填关键层厚度越大，顶板随采动运动的过程中，能够以稳定的结构形态存在，有利于巷道的稳定。

以数值模拟计算的手段为基础，以葫芦素煤矿 CT21201 工作面为研究背景，通过分析不同充填率情况下的顶板变化特征，研究充填率、巷旁支护与顶板稳定状态间的影响关系。为了对比密实充填及非密实充填的基本特征，设计充填率为 0%、80%、85%、90% 的四种实验方案，如图 9.2-4~图 9.2-7 所示。

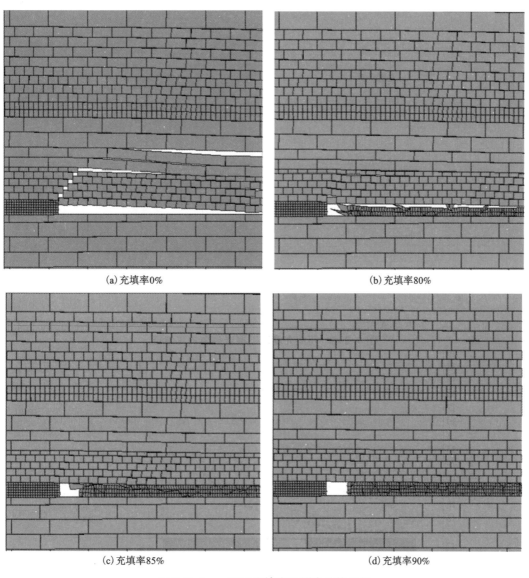

(a) 充填率0%　　　　　　　　　　　(b) 充填率80%

(c) 充填率85%　　　　　　　　　　　(d) 充填率90%

图 9.2-4　不同充填率下覆岩结构特征

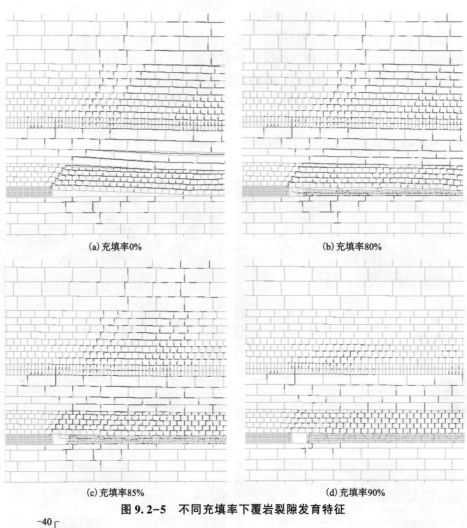

(a) 充填率0% (b) 充填率80%

(c) 充填率85% (d) 充填率90%

图 9.2-5 不同充填率下覆岩裂隙发育特征

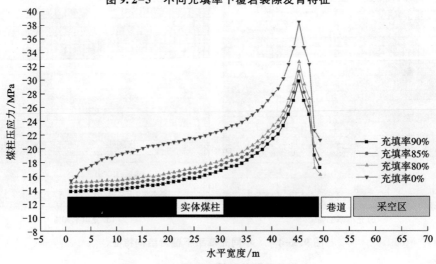

图 9.2-6 不同充填率下煤柱压应力

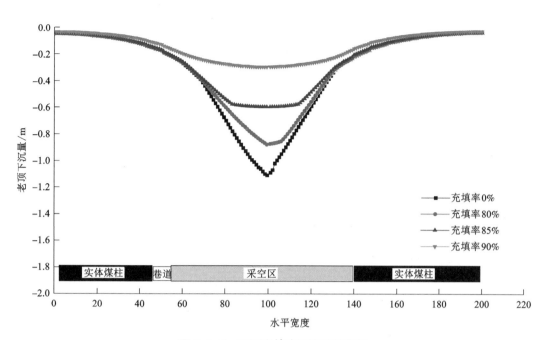

图 9.2-7　不同充填率下老顶下沉量

由图 9.2-4 至图 9.2-7 可知，当充填体充填率为 0% 时，直接顶沿着实体煤柱向顶板采空区侧向上发生断裂、垮落，形成垮落带，覆岩破坏向上发育，裂缝带形成，且与未破坏岩层之间存在较大的离层裂缝；当充填率为 80% 时，由于采空区充填体对上覆岩层起到了支撑作用，覆岩移动较缓和，顶板产生较大的离层现象，仅在直接顶沿着实体煤柱向顶板采空区侧发生少量断裂；当充填率为 85% 情况时，垮落带的岩块与裂隙下沉带的岩层将存在点与面、线与面及面与面的接触且存在相互作用力，这时离层将趋于闭合，且当充填率达到 85% 时，顶板直接顶与采空区充填体形成两端固支的结构，结构受力均布且稳定，采空区充填体在上部荷载的作用下没有向工作面巷道发生侧向挤出；当充填率达到 90% 时，采空区充填体基本上占据了工作面采空区域，降低了上覆岩层的移动空间，并对上覆岩层提供了更高的支撑力，下位横向离层裂缝在上位岩层压缩和下方采空区充填体支撑的综合作用下，横向离层裂缝逐渐闭合，覆岩完整性进一步提高。由此可以看出，随着充填率的不断提高，覆岩的完整性越高，顶板下沉量趋于缓和，巷道侧的实体煤柱集中压应力也进一步减小，即充填率的提高对顶板"大结构"的稳定性起到了重要的作用。但由图 9.2-4 和图 9.2-5 可知，随着充填率的不断提高，直接顶沿着实体煤柱向顶板采空区侧仍发育大量纵向裂隙，呈梯形分布，即提高充填率仅能一定程度提高对顶板"小结构"的稳定性，留巷时巷内仍旧需要采取对应的支护手段以保证围岩的稳定性。

图 9.2-8～图 9.2-11 为巷旁支护下充填留巷覆岩结构、离层发育特征情况。在采空区侧加入巷旁支护体后，巷道顶板的裂隙发育显著减少，上位岩层的裂隙发育高度降低，说明采用巷旁支护体后，能够有效控制巷道围岩变形破坏，而且由于巷旁支护体的

抗压强度和刚度高于顶板岩层，便起到了一定的切顶效果，在直接顶的回转下沉作用下，易使顶板岩梁在墙体外侧断裂，同时一部分应力由巷旁支护体承担，使实体煤帮应力峰值和区域显著减小，能够在一定程度上减小实体煤帮的承载力，有效控制巷道表面变形，尤其是实体帮煤柱的变形。

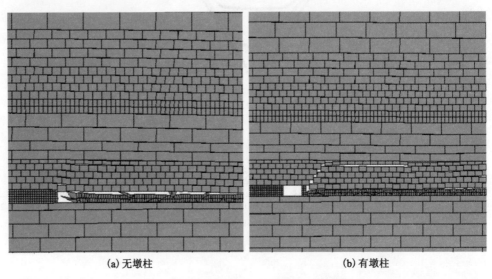

(a) 无墩柱   (b) 有墩柱

图 9.2-8　充填率 80%工况覆岩破断特征

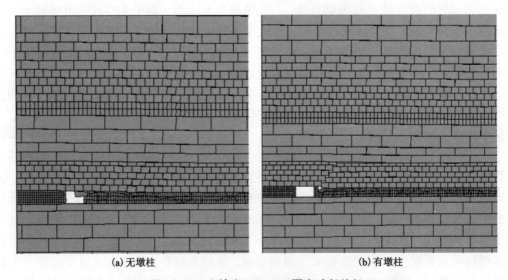

(a) 无墩柱   (b) 有墩柱

图 9.2-9　充填率 85%工况覆岩破断特征

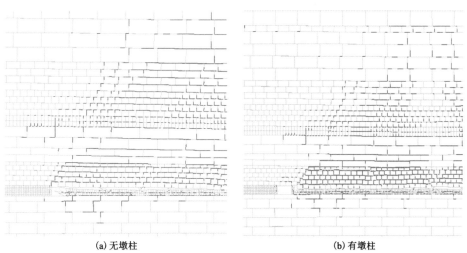

(a) 无墩柱　　　　　　　　　　　　　　(b) 有墩柱

图 9.2-10　充填率 80%工况覆岩裂隙发育特征

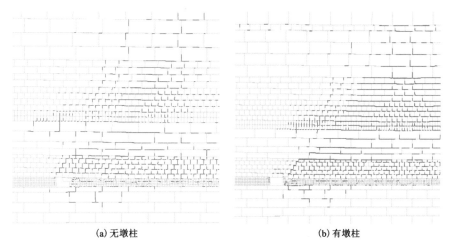

(a) 无墩柱　　　　　　　　　　　　　　(b) 有墩柱

图 9.2-11　充填率 85%工况覆岩裂隙发育特征

综上所述，进行沿充留巷后，巷旁支护体外侧呈现明显倒梯形断裂情况，显示巷旁支护具有切顶作用，上覆岩层张开裂隙宽度小、发育高度低，直接顶下沉与充填体相互接触、咬合，共同承担垮落荷载，阻止了覆岩裂隙的进一步贯通、断裂。当排矸工作面充填率达到 85%以上时，巷旁支护体稳定，沿充留巷效果良好。同时巷旁充填体可以为靠近留巷侧的采空区上覆岩层提供支撑力，限制或减小上覆岩层的移动变形，进而降低巷内支护结构的载荷，保证留巷围岩的整体稳定性。

9.3　沿充留巷总体方案

基于上述分析，对留巷工艺进行了初步设计，如图 9.3-1、图 9.3-2 所示。

沿充留巷总体方案如下：

（1）采用三巷布置，新增副切眼，留巷与辅运顺槽相连，运煤巷与辅运巷进风，回风顺槽与留巷回风，运煤巷出煤，回风顺槽进矸，辅运顺槽进料；

（2）采用巷旁支护，巷旁支护采用隔离墩柱，隔离墩柱间垒砌矸石袋；

（3）挡矸支护采用木点柱+单体支柱+菱形金属网+焊接金属网+架间锚索+挡矸装置，单体支柱与挡矸装置作为临时挡矸材料；

（4）滞后支护采用一梁四柱，梁采用工字钢，滞后支护长度150 m，根据矿压监测结果调整距离；

（5）混凝土施工工艺：地面或井下搅拌干料→无轨胶轮车运输至泵站→铲车上料→混凝土上料机、搅拌机、泵依次进行混凝土作业→管模注入混凝土→形成连排墩柱墙。

（6）整体工艺如下：开采前，在端头支架后方设置挡矸装置，在端头支架前方铺设2.0 m宽度的菱形金属网，金属网护住1#与2#支架架间空隙；开采时，在挡矸装置内侧贴边铺设两层网，靠近挡矸装置铺塑钢网（保证细小矸石不漏），随后在塑钢网内侧焊接金属网，保证矸石边缘成形，边采边充边打锚索边立网、木点柱及单体支柱（贴挡矸装置打木点柱和单体支柱，巷内打单体支柱，在架间打一排锚索支护采空区顶板），两充填班形成一定距离（8 m左右）的巷旁浇筑空间；检修班在浇筑空间支设墩柱管模，然后向内泵送注入混凝土，直到注满为止，形成巷旁连排墩柱隔墙；为了在墩柱形成有效强度以前及时支护顶板，同时，减轻动压对巷道的影响，在工作面后方留巷段及时支设单体支柱作为临时支护。

（7）由于巷旁矸石带顶部不能通过夯实机构实现接顶（第一架夯实最高高度2.6 m，第二架2.7 m，第三架2.85 m），为了保证巷旁密闭性及施工安全性，在墩柱之间垒砌矸石袋。与此同时，在距离工作面一定距离时，对墩柱之间的矸石袋进行喷浆封闭；巷道稳定后及时回撤临时支护单体支柱。

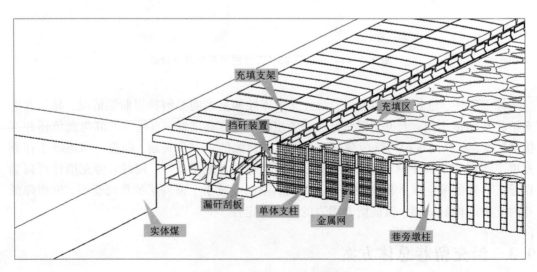

图9.3-1 留巷工作面布置图

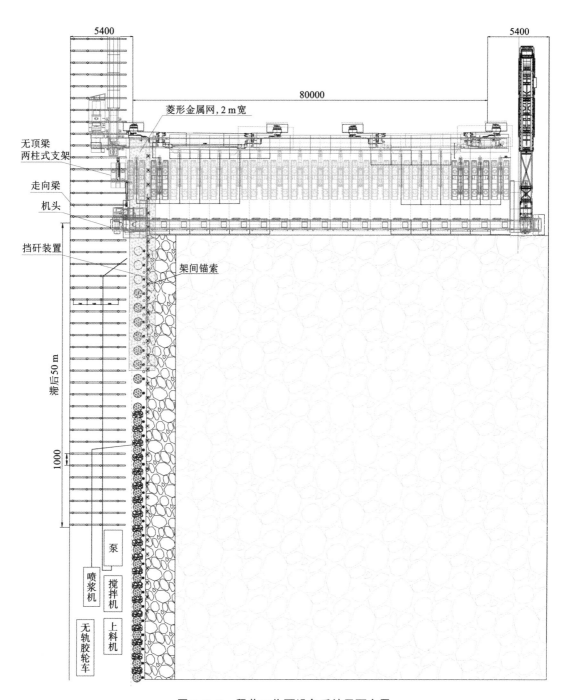

图 9.3-2　留巷工作面设备系统平面布置

9.4 沿充留巷支护设计

9.4.1 巷旁支护载荷计算

1.基本支护参数设计

（1）顶板支护参数

①锚杆支护：巷道顶板采用锚网索联合支护方式，矩形布置，每排 6 根，中间 4 根锚杆间排距 1000 mm×1000 mm，两肩窝处间排距为 900 mm×1000 mm，锚杆采用 $\phi22$ mm×2500 mm 左旋无纵肋螺纹钢锚杆，网片采用 $\phi6.5$ mm×5400 mm×1100 mm 钢筋网支护，钢筋网压茬 100 mm，锚杆必须打到压茬后面一排网格处，搭接部位三三迈步蛇形绑扎，用 14#铁丝双股扭结，不少于三扣；肩窝锚杆距两帮 300 mm，向外 15°布置，每根锚杆使用 1 支 MSCK2370 树脂药卷。

②锚索支护：选用 $\phi17.8$ mm×6200 mm 锚索垂直巷道顶板矩形布置，每排 3 根，间排距为 1500 mm×2000 mm，每根锚索上 2 支 MSCK2370 树脂药卷。遇地质构造破碎、顶板破碎、顶板不稳定时，选用 $\phi17.8$ mm×8200 mm 锚索+π 型钢带加强支护。

③三叉口补强支护

巷道开口，选用 $\phi17.8$ mm×6200 mm 锚索+4400 mm×140 mm×8 mm π 型钢带加强支护，锚索托盘选用 300 m×300 mm×16 mm 高强度拱形托盘。同时要求三叉口钢带首尾压茬。

巷道支护方案断面图、断面顶部布置图如图 9.4-1、图 9.4-2 所示。运输巷顶板支护材料规格表如表 9.4-1 所示。

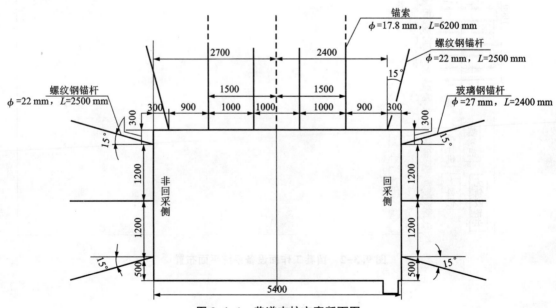

图 9.4-1 巷道支护方案断面图

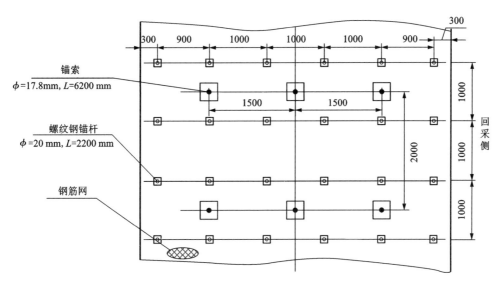

图9.4-2 巷道支护方案断面顶部布置图

表9.4-1 运输巷顶板支护材料规格表

位置	支护材料	型号	备注
顶板	钢筋网	ϕ6.5 mm×5400 mm×1100 mm	ϕ6.5 mm 钢筋网, 网孔 100 mm×100 mm
	螺纹钢锚杆	ϕ22 mm×2500 mm	HRB400 左旋无纵肋螺纹钢锚杆
	锚索	ϕ17.8 mm×6200 mm	1×7 股钢绞线
		ϕ17.8 mm×8200 mm	特殊段
	π 型钢带	4400 mm×140 mm×8 mm	开口、特殊段
	锚固剂	MSCK2370	树脂药卷
	托 盘	150 mm×150 mm×12 mm	锚杆托盘
		300 mm×300 mm×16 mm	锚索托盘
	锁 具	KM18 型	

（2）帮部支护参数

非回采侧锚杆采用 ϕ22 mm×2500 mm 右旋等强螺纹钢锚杆，回采侧锚杆采用 ϕ27 mm×2400 mm 玻璃钢锚杆，网片采用 3200 mm×1200 mm 菱形镀锌金属网支护，菱形网压茬 200 mm，锚杆必须打到压茬处，搭接部位三三迈步蛇形绑扎，用 14#铁丝双股扭结，不少于三扣；每帮 3 根锚杆，间排距 1200 mm×1000 mm，中间两根帮部锚杆垂直巷帮支护。肩窝锚杆距离顶板 300 mm，底角锚杆距离底板 500 mm，均外斜 15°施工。巷道支护方案断面煤帮布置图如图 9.4-3 所示。运输巷两帮支护材料规格表如表 9.4-2 所示。

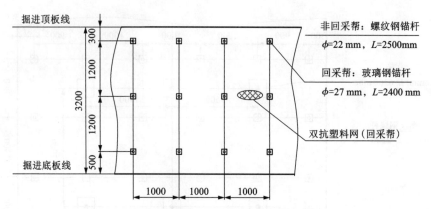

图 9.4-3 巷道支护方案断面煤帮布置图

表 9.4-2 运输巷两帮支护材料规格表

序 号	支护材料	型 号	备 注
1	非回采侧锚杆	ϕ22 mm×2500 mm	HRB400 右旋等强螺纹钢锚杆
2	回采侧锚杆	ϕ27 mm×2400 mm	玻璃钢锚杆
3	托 盘	150 mm×150 mm×12 mm	HPB400 钢板托盘
4	锚固剂	MSCK2370	树脂药卷
5	菱形金属网	3200 mm×1200 mm	10#镀锌铁丝网

2.巷内永久补强支护设计

由于留巷经受两次采动影响,留巷压力较大,需要加强支护。

(1)顶板补强支护

顶板巷内采用 ϕ21.8 mm×8200 mm 锚索加强支护,每排三根,间距 1500 mm,排距 2000 mm,一根居中布置,一根靠回采帮布置,距帮 1200 mm。锚索居中有利于端头支架保护锚索免受破坏。巷内永久补强支护断面图、平面图如图 9.4-4、图 9.4-5 所示。

(2)帮部补强支护

帮部采用 ϕ17.8 mm×4200 mm 锚索加强支护,每排两根,间排距 1200 mm×2000 mm,距顶板 800 mm,配 Ω 型钢带(也称 π 型钢带),每根锚索上 2 支 MSCK2370 树脂药卷。帮部补强支护断面图、平面图如图 9.4-6、图 9.4-7 所示。

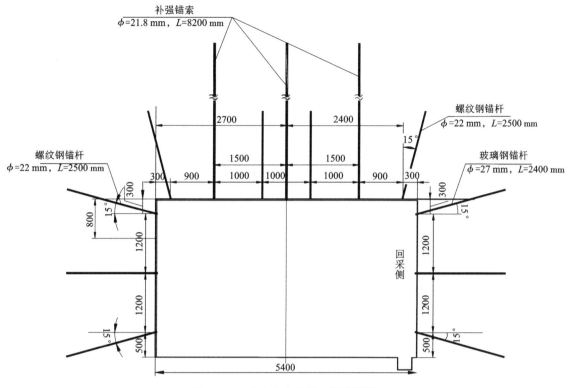

图 9.4-4 巷内永久补强支护断面图

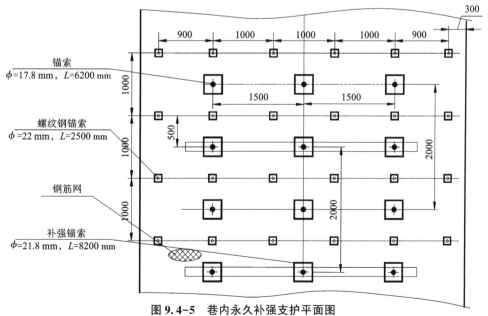

图 9.4-5 巷内永久补强支护平面图

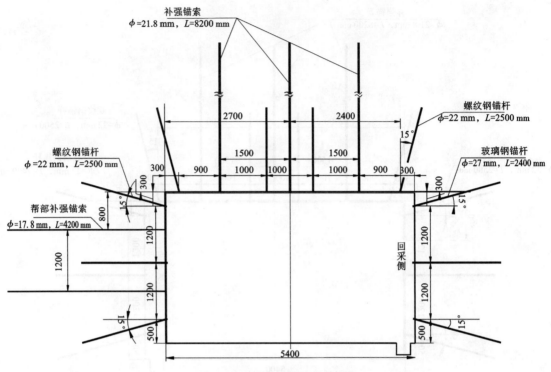

图 9.4-6　帮部补强支护断面图

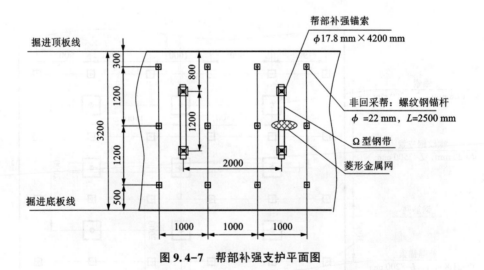

图 9.4-7　帮部补强支护平面图

9.4.2　巷旁支护

1. 巷旁支护形式

巷旁支护采用混凝土墩柱。混凝土墩柱采用二节薄壁钢管作主体模板，顶部为接顶圆筒模板，下部为主体圆筒模板，如图 9.4-8 所示。接顶圆筒模板套入主体圆筒模板，搭接一定长度，实现伸缩，满足巷道高度变化要求；主体圆筒模板上"戴帽"下"穿鞋"，"帽"与"鞋"都是布织圆筒，一端缝闭，"高帽"在泵压作用下强制接顶，可透水透气不透浆，"鞋"可透水及适应底板不平；主体圆筒模板上部设置自封闭灌注口，拔出混凝土输送管后不漏浆。管模墩柱地面实验如图 9.4-9 所示。

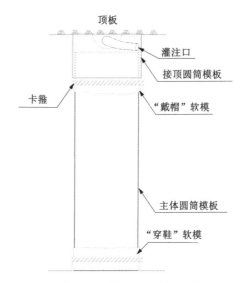

图 9.4-8　伸缩接顶墩柱模板

图 9.4-9　管模墩柱地面实验

2. 巷旁支护载荷计算

基于分离岩块法，巷旁支护体计算力学模型如图 9.4-10 所示。

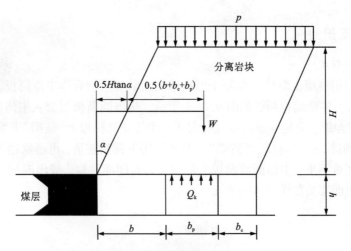

图 9.4-10　沿充留巷巷旁支护体受力分析

根据上述模型，巷旁支护体的强度 Q_k 应为：

$$Q_k = \frac{1}{b_p \times (b + 0.5b_p)} \left\{ \left[\left(\frac{H}{2}\tan\alpha + 0.5(b + b_p + b_e) \right) \right] \times H(b + b_p + b_e)\gamma\cos\varphi + p(b + b_p + b_e)[H\tan\alpha + 0.5(b + b_p + b_e)] \right\}$$

式中：b 为留巷宽度，5.4 m；b_p 为巷旁支护体宽度，初定为 0.8 m；b_e 为悬顶距，1 m；γ 为分离岩块容重，24 kN/m^3；h 为等价采高，取为 1.6 m；α 为直接顶垮落角，26°；φ 为煤层倾角，取平均值 0.3°；H 为垮落带高度（关键块高度），$4h$；p 为岩块上覆荷载，0.5 MPa（12 倍等价采高）。

将数据代入公式中，可得墙体宽度为 0.8 m 时巷旁支护载荷为 4.53 MPa，则每米巷旁支护体的荷载为 3624 kN/m。

3. 巷旁支护强度计算

考虑井下拌和条件，设定混凝土强度为 C30，则混凝土抗压强度设计值为 14.3 N/mm^2。

混凝土墩柱的承载能力计算如下式所示：

$$N_2 = 0.9\varphi \times f_c A$$

式中：N_2 为支护体的承载能力；φ 为构件的稳定系数，取 1；f_c 为混凝土抗压强度设计值，C30 时为 14.3 N/mm^2；A 为截面面积，m^2。

根据上述公式，计算不同直径混凝土墩柱承载力，见表 9.4-3。由表可知，当墩柱直径为 0.8 m 时，承载能力为 4786 kN，可支护范围为 4786/2624 m = 1.32 m。为安全考虑，将墩柱间距设定为 1.2 m。巷旁支护断面图、平面图如图 9.4-11、图 9.4-12 所示。

表 9.4-3　不同直径混凝土墩柱承载力

直径/m	抗压强度设计值（标号 C30）/（N·mm^{-2}）	面积/m^2	安全系数	承载力/kN
0.5	14.3	0.196	1.5	1869
0.6	14.3	0.282	1.5	2688
0.7	14.3	0.384	1.5	3661

续表9.4-3

直径/m	抗压强度设计值(标号 C30)/(N·mm⁻²)	面积/m²	安全系数	承载力/kN
0.8	14.3	0.502	1.5	4786
0.9	14.3	0.635	1.5	6054
1.0	14.3	0.785	1.5	7484
1.1	14.3	0.949	1.5	9047
1.2	14.3	1.130	1.5	10773

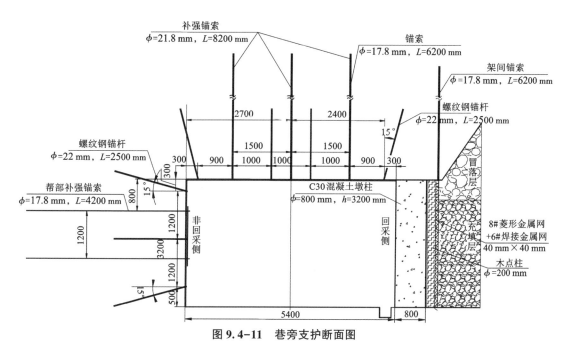

图 9.4-11　巷旁支护断面图

图 9.4-12　巷旁支护平面图

9.4.3 挡矸支护

1. 挡矸支护参数

为了提高巷道稳定性、增加封闭性，充填尽量靠近留巷。挡矸支护采用架间锚索、挡矸塑钢网+焊接金属网、单体支柱、挡矸装置联合构成挡矸系统。

为了进一步保证挡矸支护安全，在采空区侧设置挡矸装置，挡矸装置采用 50 mm 厚度的钢板加工焊接而成，总体形状为刀把形，刀背部分设滑板，刀刃部位连接皮带，作为软接顶部分。刀把长度 3.5 m，刀把高度 0.9 m；刀身长度 9 m，高度 2.85 m；皮带高度 0.6 m，皮带搭接 0.4 m。总体三维结构如图 9.4-13 所示。挡矸支护侧视图、三维示意图如图 9.4-14、图 9.4-15 所示。

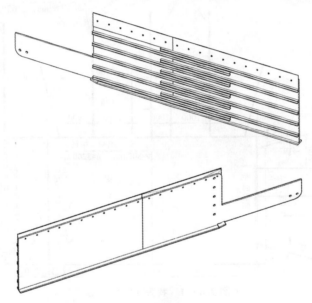

图 9.4-13　挡矸装置三维图

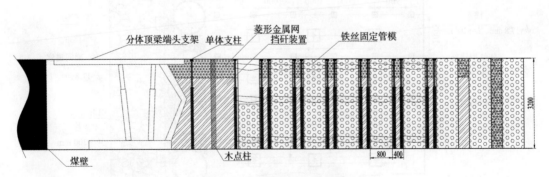

图 9.4-14　挡矸支护侧视图

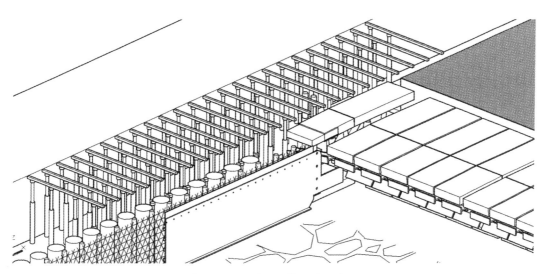

图 9.4-15　挡矸支护三维示意图

2. 挡矸装置摩擦力计算

挡矸装置受矸石侧向摩擦力，摩擦力与矸石充填高度有关，采用朗肯土压力理论计算主动土压力。朗肯土压力理论的基本假设条件：

（1）挡土墙为刚体；

（2）挡土墙背垂直、光滑，其后土体表面水平并无限延伸，其上无超载。

矸石侧压力计算示意图如图 9.4-16 所示，其计算公式为：

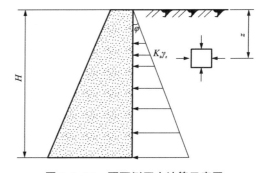

图 9.4-16　矸石侧压力计算示意图

$$E_a = \frac{1}{2}\gamma H^2 \tan^2\left(45° - \frac{\varphi}{2}\right)$$

根据充填开采情况，$\gamma = 17.64 \text{ kN/m}^3$；$H = 3.2 \text{ m}$；$\varphi = 30°$。则

$$E_a = \frac{1}{2}\gamma H^2 \tan^2\left(45° - \frac{\varphi}{2}\right) = \frac{1}{2} \times 17.64 \times 3.2^2 \tan^2\left(45° - \frac{30°}{2}\right) = 30 \text{ kN/m}$$

取充填矸石与挡矸装置的摩擦系数为 0.2，挡矸装置与木点柱之间的摩擦系数为 0.3，则挡矸装置与充填矸石之间的摩阻力为：

$$f = E_a \times (0.2 + 0.3) = 30 \times 0.5 \text{ kN/m} = 15 \text{ kN/m}$$

挡矸装置长度 12 m，则合计摩擦力为 15×12 kN = 180 kN，即 18 t 重力。

9.4.4 滞后支护

在沿充留巷过程中，受剧烈采动影响的仅是工作面前后方的某一地段，随着工作面采过一定距离，采动影响也逐渐减弱，所以没有必要对整条巷道都按剧烈采动影响的要求进行支护，这就只需要进行临时超前、滞后支护。

据沿充留巷实际情况及其他矿的留巷工程经验，滞后支护选用单体支柱与工字钢梁支护，单体支柱走向排距 1.0 m，一排四根单体支柱，滞后工作面支护距离 150 m（后期根据矿压调整），以防止回采过程中矿压显现对预留巷道的破坏，如图 9.4-17 所示。

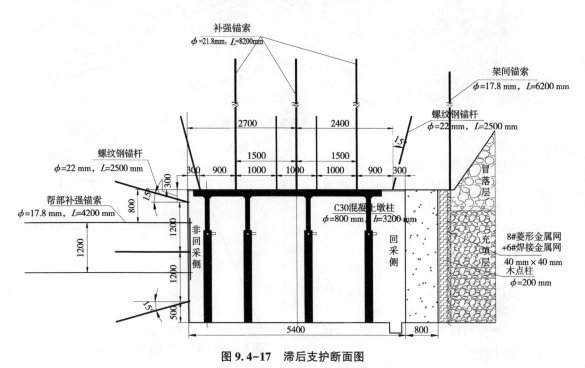

图 9.4-17　滞后支护断面图

9.5　施工设计

9.5.1　施工工艺及流程

沿充留巷施工工艺及流程如图 9.5-1 和图 9.5-2 所示。

9.5.2　施工材料

施工材料见表 9.5-1。

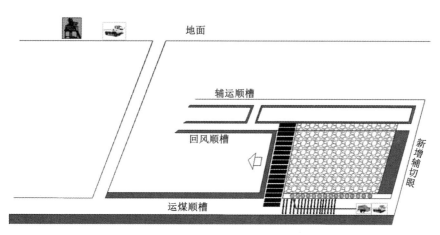

图 9.5-1 沿充留巷施工工艺示意图

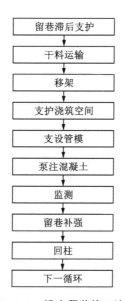

图 9.5-2 沿充留巷施工流程

表 9.5-1 施工材料

序号	材料名称	规格	用途
1	水泥	42.5R 硅酸盐水泥	用作胶结材料
2	管模	直径×高×壁厚＝φ800 mm×3200 mm×0.75 mm	用作混凝土模板
3	砂	中砂	用作骨料
4	石子	φ5 mm～φ20 mm 连续级配碎石	用作骨料

续表9.5-1

序号	材料名称	规格	用途
5	外加剂	高效复合减水剂	提高和易性、强度
6	粉煤灰	二级	提高和易性
7	水	淡水	搅拌混凝土，洗管
8	金属网	8#菱形金属网，网格 40 mm×40 mm	用作挡矸网
9	木点柱	ϕ200 mm×3200 mm，高度随煤厚调节	用作挡网、支护
10	架间锚索	ϕ17.8 mm×6200 mm，间距 1200 mm	支护采空区顶板
11	顶部补强锚索	ϕ21.8 mm×8200 mm，间排距 1500 mm×2000 mm	加强顶板支护
12	帮部补强锚索	ϕ17.8 mm×4200 mm，间排距 1200 mm×2000 mm	加强帮部支护
13	塑钢网	网孔 50 mm×30 mm	控制矸石漏入留巷内
14	焊接金属网	ϕ6.5 mm 的圆钢焊制，网格 100 mm×100 mm，尺寸：3.2 m×1.1 m	控制矸石鼓出

9.5.3 施工设备

1. 施工设备种类

（1）留巷施工设备

留巷施工设备主要包括混凝土施工设备、运输设备及支模工具，如表 9.5-2 所示、图 9.5-3 所示。

表 9.5-2 混凝土施工设备、运输设备及支模工具表

设备或工具名称	规格型号	数量
混凝土泵	HBMG80/16-110SF	1 台
搅拌机	MJSY-2300G	1 台
上料机	GS420-5.4	1 台
地面配料站		一套
混凝土输送管路	ϕ125 mm	400 m
配套卡箍及皮圈	ϕ125 mm	卡箍 150 个，皮圈 500 个
清洗球	ϕ125 mm	100 个
井下铲车	YZXBW-100	1 台
上料漏斗	2 m×2 m×1.5 m，带四条腿	1 个
起吊葫芦	5 t	2 个
常用工具	钳子等	1 套
搅拌施工平台		1 个

刮板式上料机　　　　　连续式搅拌机　　　　　高压混凝土泵

图 9.5-3　井下混凝土施工设备

（2）远距离无尘化混凝土喷浆机

远距离无尘化混凝土喷浆机如图 9.5-4 所示。

图 9.5-4　远距离无尘化混凝土喷浆机

2. 施工设备布置

井下混凝土施工设备布置在沿充留巷内，滞后工作面 200 m，每进 150 m 向前移动一次，依次为混凝土泵、搅拌机、上料机、铲车、无轨胶轮车。

9.5.4　劳动组织

针对沿充留巷的工艺流程，设计的沿充留巷劳动定员、沿充留巷循环作业、泵注混凝土劳动组织见表 9.5-3~表 9.5-5。

表 9.5-3　沿充留巷劳动定员

工种	出勤人员/人				在籍系数	在籍人数
	中班	夜班	早班	合计		
地面工	3			3		
运输司机	2	3		6		
支模工			3	3		
浇筑工			3	3		
泵司机			1	1		

续表9.5-3

工种	出勤人员/人				在籍系数	在籍人数
	中班	夜班	早班	合计		
铲车司机		1	1	1		
支护工	3	3	2	8		
喷填工	3					
小　计	11	7	10	28	1.4	39

表 9.5-4　沿充留巷循环作业表

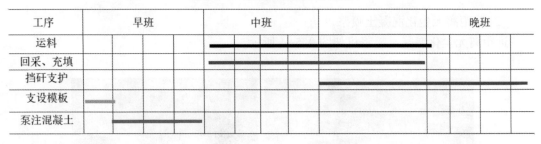

表 9.5-5　泵注混凝土劳动组织

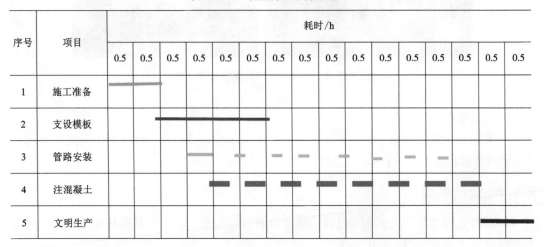

第 10 章

工程实践

10.1 开拓系统布置

10.1.1 开采技术条件

1. 充填盘区地质条件概述

葫芦素煤矿位于东胜煤田呼吉尔特矿区，地处内蒙古自治区鄂尔多斯市境内，行政区划隶属鄂尔多斯市乌审旗图克镇、伊金霍洛旗台格苏木。由于本次拟充填区域位于二盘区，以下仅介绍该盘区的地质概况。

二盘区内的可采煤层均为 2-1 煤和 2-2 中煤。2-1 煤属基本全区可采的较稳定~稳定煤层，为矿井首采煤层。二盘区内煤层可采厚度 1.87~5.0 m，平均厚度 3.46 m。2-2 中煤上距 2-1 煤平均 20.13 m，属基本全区可采的较稳定~稳定煤层，为矿井首采煤层。一盘区内煤层可采厚度 1.40~4.35 m，平均厚度 3.30 m；二盘区内煤层可采厚度 0.99~1.59 m，平均厚度 1.30 m。

各煤层顶底板岩石的强度较低，以软弱岩石~半坚硬岩石为主，岩体的稳定性较差。井田工程地质勘查类型划分为第三类第二型，即层状岩类工程地质条件中等型。

煤层煤尘均有爆炸性，2-1 煤和 2-2 中煤为容易自燃~自燃煤层，为瓦斯矿井。

2. 开拓布置

联合工业场地位于煤化工区的南侧 1.8 km 处、井田北部边界附近，西翼风井场地位于联合工业场地以西约 2.7 km。联合工业场地内布置有主井、副井和中央风井，井口标高 +1307.8 m，井底坐落于 2-2 中煤底板，井筒到底后布置井底车场及硐室，井底车场标高 +640 m，井筒深度 667.8 m(不包括井底水窝)。西翼风井场地布置有西翼风井，井口标高 +1308.5 m，井筒落底于 2-1 煤，井筒深度 658.5 m(不包括井底水窝)。井底沿井田北部边界东西向分煤组各布置一组大巷，用于开采东、西两翼各煤层；然后从井底向南布置一组南翼集中大巷，用于开采井田南部各煤层；各煤组大巷直接与井筒相接或通过集中斜巷联络。

3. 矿井开采现状

矿井设计生产能力 1300 万 t/a，鉴定为冲击地压矿井后，生产能力核定为 800 万 t/a，服务年限 145 a。葫芦素选煤厂规模与矿井一致。选煤方法采用粒径 150~13 mm 块煤浅槽分洗。

10.1.2　充填区域

葫芦素煤矿二盘区断层分布广泛，受断层影响，21204、21205工作面停采线内煤柱宽度超过1.0km，为了回收此部分煤柱，同时处理矿井洗选矸石，决定将首采充填工作面布置在21204工作面停采线范围以内。预计二盘区其他工作面均存在推进长度达不到设计值的问题，因此，可以在停采线内布置面长较短的充填工作面。

在二盘区中预计的充填区域与充填系统开拓布置如图10.1-1所示。充填采煤的其他接续工作面应当在矿井采掘的基础上灵活调整。

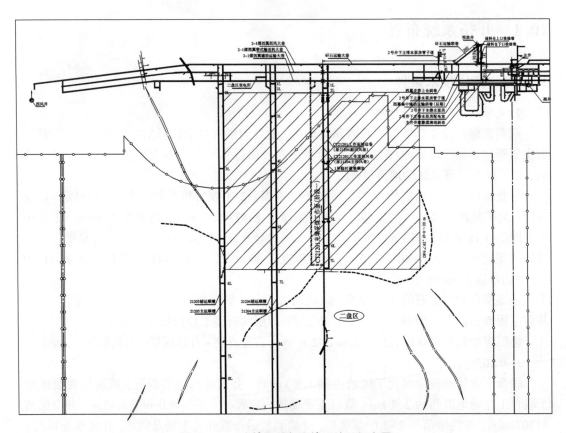

图 10.1-1　充填区域与充填系统开拓布置

10.1.3　开拓巷道布置

本次充填系统须新增一个投放井筒、一个井下储料仓（含储料仓上、下口检修巷）、一条矸石运输联巷，另须将原2-1煤西翼回风大巷的一部分改造为矸石运输大巷。在矸石运输联巷、矸石运输大巷内铺设普通带式输送机，作为矸石运输通道，将矸石运送至充填工作面顺槽处。

10.2　实验工作面基本情况

10.2.1　CT21201 工作面基本概况

1. 应用矿井工作面概况

CT21201 工作面位于葫芦素煤矿 2-1 煤二盘区中部, 工作面长度 80 m, 设计推进长度 1082 m。工作面顶板标高+665～+678 m。煤层倾角为−3°～+3°, 煤层最厚处达 3.5 m, 最薄处为 3.0 m, 煤厚平均为 3.2 m, 容重为 1.31 t/m³。

2. 工作面参数、位置及井上下关系

工作面参数、位置及井上下关系见表 10.2-1。

表 10.2-1　工作面参数、位置及井上下关系表

煤层	2-1 煤	盘区	二盘区	工作面	CT21201
地面标高/m	+1305～+1328		埋深/m	+665～+678	
推进长度/m	1082	工作面长/m	80	面积/万 m²	8.656
工作面概况	地面位置	本工作面位于葫芦素煤矿工业广场西侧, 北部为新街-恩格阿娄铁路, 工作面地面主要为丘陵沙地, 无明显参照物			
	井下位置及四邻采煤情况	CT21201 工作面北部是为整个西翼服务的三条开拓大巷, 南部为葫芦素煤矿已经回采完毕的 21204 工作面采空区, 西部为 21205 辅运巷, 东部为 21203 工作面			
	回采对地面设施的影响	本工作面地面共有四处民房, 回采后可能导致地面沉陷, 地表水位下降, 对房屋造成一定影响			

3. 煤层赋存特性

CT21201 工作面煤层总体上呈大型的宽缓波状起伏, 为向斜构造, 该向斜为 X2 向斜, 倾角为−3°～+3°, 局部由于受断层的影响煤层倾角发生突变, 倾角为−4°～+4°。切眼处煤层起伏大体上为中间高两侧低。煤层起伏较小, 呈近水平回采, 2-1 煤以不粘煤为主, 局部赋存少量弱粘煤, 长焰煤零星分布。CT21201 工作面煤层赋存特性如表 10.2-2 所示。

表 10.2-2　CT21201 工作面煤层赋存特性表

煤质	发热量/(MJ/kg)	水分/%	灰分/%	硫分/%	挥发分/%	软化浓度/℃
	31.51	6.46	6.91	0.67	34.12	1223

煤层顶底板情况	顶、底板	岩石名称	厚度/m	岩性特征		
	老顶	细砂岩中砂岩粗砂岩	16.57~31.3	浅灰白色，成分以石英为主，含少量云母及黄铁矿结核		
	直接顶	粉砂岩泥质砂岩细砂岩	3.7~23	浅灰色，致密状，以石英为主，长石次之，平坦状断口，钙质胶结，波状层理，含大量植物化石碎片		
	伪顶	砂质泥岩泥岩	0.2~0.5	灰黑色，具水平层理，含少量植物化石碎片，泥质胶结，局部夹粉砂岩及煤线		
	直接底	粉砂岩砂质泥岩	2.6~10.2	灰色，以石英为主，长石次之，泥质胶结，水平层理，含植物化石及云母碎片		

10.2.2　充填工作面系统布置

1. 巷道布置及生产系统

工作面巷道布置如图 10.2-1 所示。该阶段充填开采工作面为 CT21201 工作面，工作面采用三巷制，分别为工作面运煤巷、工作面辅运巷和工作面回风巷。

其中工作面运煤巷为新掘巷道，工作面辅运巷利用原 21204 副回风巷，工作面回风巷利用原 21204 主回风巷。

工作面的生产系统为：

(1)运煤系统：CT21201 工作面→CT21201 工作面运煤巷→2-1 煤西翼带式输送机大巷→西翼带式输送机上仓斜巷→主井；

(2)运矸系统：投放井→矸石运输联巷→矸石运输大巷→CT21201 工作面回风巷→充填工作面后部卸矸刮板输送机；

(3)辅运系统：2-1 煤西翼辅助运输大巷→CT21201 工作面辅运巷；

(4)通风系统：2-1 煤西翼带式输送机大巷→CT21201 工作面运煤巷→CT21201 工作面→CT21201 工作面回风巷/CT21201 工作面辅运巷→2-1 煤西翼回风大巷。

工作面采用后退式开采，利用刮板输送机卸矸的方式进行充填。

2. 工作面设备布置

工作面在回采过程中对运煤巷进行沿充留巷，巷旁支护体采用混凝土墩柱。排矸工作面中主要布置有充填采煤液压支架、矸石转载输送机、多孔底卸式刮板输送机等设备，工作面设备布置如图 10.2-2 所示。

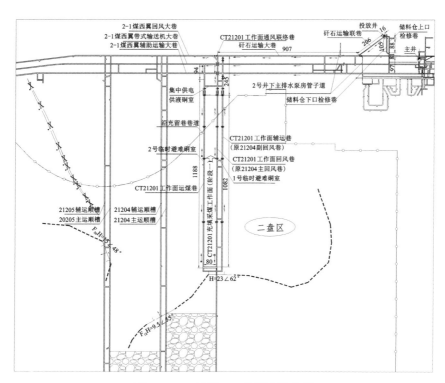

图 10.2-1　阶段一工作面巷道布置

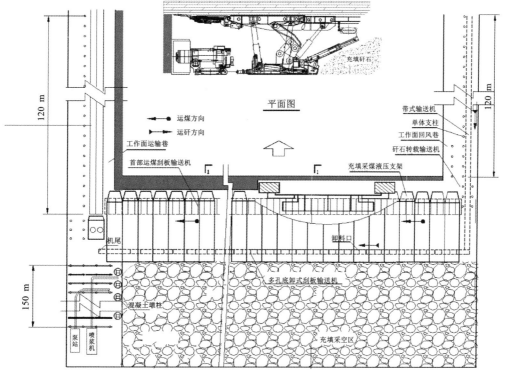

图 10.2-2　工作面设备布置

10.3 支架支护质量监测

10.3.1 监测内容针对目标

支架支护质量监测针对的监测目标是工作面核心装备运行支护质量，固体废弃物首充工作面矿压规律显现特征与充采比及推进距离的时间相关性。

10.3.2 监测布置实施方案

支架支护质量监测主要是利用压力监测仪连通支架液压系统实时监测支架的初撑力达标率和工作阻力(立柱内压强)。由于固体废弃物属于散体材料填充，属于欠固结充填，只有在顶板充分活动后，才能够形成有效的承载能力，在靠近工作面两侧回采巷道设置测点失去意义(回采巷道外侧均是实体煤)，因此，以工作面中点为基准点，向两侧分别延伸20 m，即在工作面中部40 m范围内，设置3个基本测点，如图10.3-1所示。为保障数据的有效比例，每个基本测点监测3台临近支架的工作阻力，并取平均值。

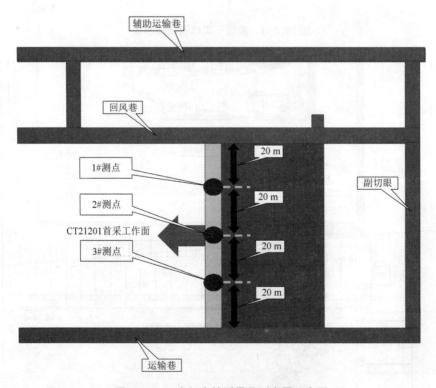

图 10.3-1 支架支护质量监测布置示意图

10.3.3　监测结果数据分析

1.初撑力达标率监测

初撑力和工作阻力监测的初始数据是液压油缸的压强,经过立柱截面积、立柱数量和立柱角度(影响支护效率)的数值换算,支架初撑力达标率(31.5 MPa 对应初撑力)阶段监测结果曲线图如图 10.3-2 所示。

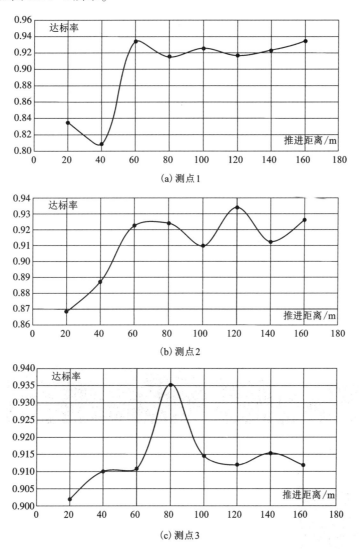

(a) 测点 1

(b) 测点 2

(c) 测点 3

图 10.3-2　支架初撑力达标率阶段监测结果曲线图

由支架初撑力达标率阶段监测结果曲线图可以看出:

(1)3 个测点的支架在整个推进过程中的平均初撑力达标率均大于 85%,部分大于90%,均达到了设计指标;

(2)随着工艺的熟练度提升,尤其是支架后部双立柱的操控要求的提升,支架初撑力达标率整体呈提升趋势,目前的工艺目标为全部达到 92%以上。

2. 工作阻力实时监测

工作阻力阶段监测数据与推进距离对应曲线图如图 10.3-3 所示。

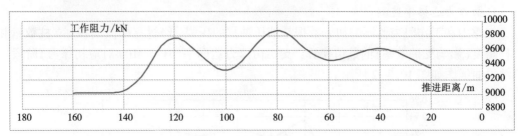

(a) 测点1

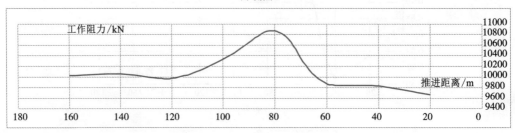

(b) 测点2

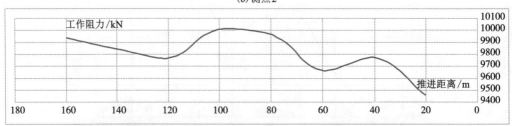

(c) 测点3

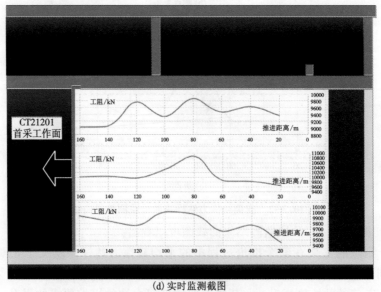

(d) 实时监测截图

图 10.3-3 工作阻力阶段监测数据与推进距离对应曲线图

由图 10.3-3 可以看出：

(1)3 个测点的支架工作阻力在工作面推进到 40 m 左右时均出现一定提升(该开采区域基本顶的初次来压步距约为 40 m)，但提升幅度并不明显，原因是采空区固体废弃物初始充实率较高(大于 86%)，有效限制了覆岩的移动。

(2)3 个测点的支架工作阻力在工作面推进到 80 m 时均达到了一个相对峰值，中间测点的整架工作阻力超高 10000 kN。原因是 80 m 已经达到了工作面宽度，采空区推进方向和宽度方向均达到了 2 倍初次来压步距，支架承载达到了一个相对峰值。

(3)3 个测点的横向比较中，中间测点(2#测点)的工作阻力明显高于 1# 和 3#测点，原因是 2#测点位于工作面中心线上，其两侧延伸距离均达到 1 倍初次来压步距，超过基本顶悬臂梁极限长度，处于顶板下沉和矿压显现相对较高区域。

3.工作阻力提升比例

工作阻力提升比例，即支架由初撑力提升到工作阻力的增幅占初撑力的比值。初撑力越高，达到相应工作阻力的变化值越低，活柱下缩量越低，支架后部的提前下沉量越小。工作阻力提升比例是衡量支架限制顶板提前形变的另一个参照指标。监测分析结果如图 10.3-4 所示。

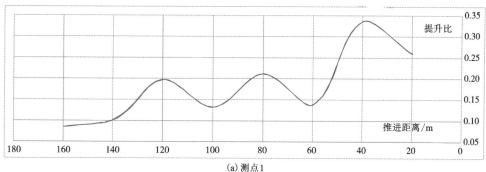

(a) 测点 1

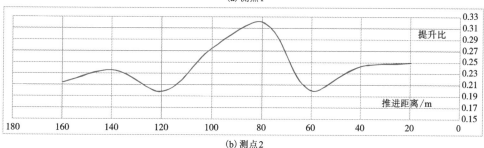

(b) 测点 2

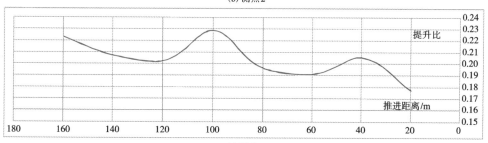

(c) 测点 3

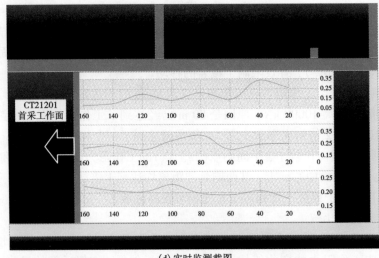

(d)实时监测截图

图 10.3-4　工作阻力提升比例与推进距离对应曲线图

由图 10.3-4 可以看出：

(1)初撑力达到工作阻力的增幅占初撑力的比值,整体变化趋势是与采充比的变化趋势相反的,说明支架的工作阻力提升与初始充实率在工作面推进一定距离后成明显的负相关关系。

(2)3 个测点的横向比较中,中间 2#测点因为其所处的矿压环境,工作阻力平均增幅明显高于 1#和 2#测点,平均可达 24%。

10.4　固废承载变形监测

10.4.1　监测内容针对目标

固废填充体承载变形监测主要针对充填体承载能力和位移特征与规律,充实率、充采比与矿压显现时间相关性 2 个主要监测目标。通过监测,可以直接监测填充体在目前的固废级配条件下,和葫芦素煤矿该区域采矿地质条件下固废散体承载对其形变的直接影响规律。同时,可以有效揭示其在采空区内承载的时机和演变特征,掌握承载形变与工作面矿压显现的对应关系和影响机制。

10.4.2　监测布置实施方案

固废承载变形监测是将应力监测仪器(应力盒)提前留置在采空区内,并通过线路引出实时监测应力数据的。根据本项目监测目标和要求,在工业性实验阶段,共在采空区内布置 3 个测点(1#,2#,3#),如图 10.4-1 所示。根据以往监测经验,1#测点距离开切眼40 m,2#测点距离开切眼 80 m,3#测点距离开切眼 120 m。每个测点内在工作面宽度中线布置 1 个监测仪,为保证能监测到数据,测点内间隔 1.75 m(1 部支架)布置 3 个监测仪,监测数据采取 3 个监测仪中的最大值。

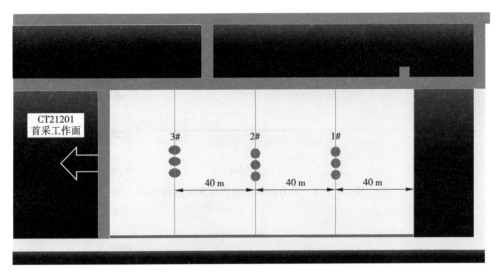

图 10.4-1　固废承载监测测点布置示意图

10.4.3　监测结果数据分析

固废填充体 3 个测点应力监测与推进距离关联曲线如图 10.4-2 所示。

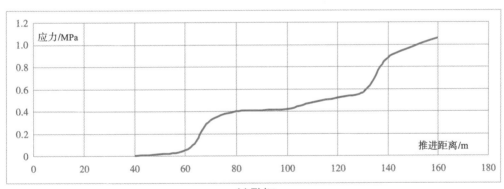

（a）测点 1

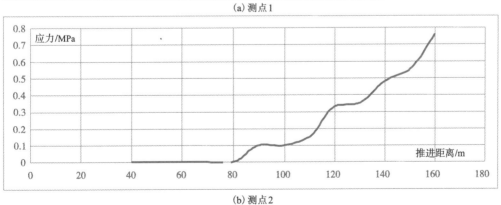

（b）测点 2

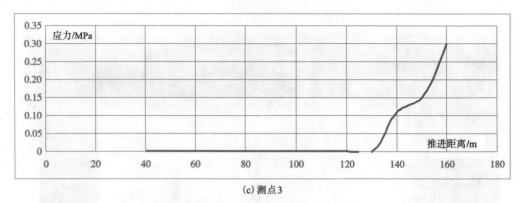

（c）测点3

图 10.4-2　应力监测与推进距离关联曲线图

由图 10.4-2 可以看出：

（1）监测仪器一般在距离工作面 40 m 出现读数，这说明固废填充体在工作面附近（0~40 m 左右）并没有形成顶板的有效支撑，其初始压实形成的初始固结程度尚无法达到超固结水平（材料仍会持续变形），工作面支架仍旧是顶板的主要支护体。

（2）监测仪表在距离工作面 130~160 m 范围开始出现激增，说明此时固废填充体开始承载顶板压力，显著发生压缩变形，其压缩变形一直持续到工作面推进到 160 m，其中 1# 测点有减缓趋势（覆岩移动开始相对稳定），2# 和 3# 测点则呈现明显增长趋势。

（3）1# 测点的最大数值为 1.06 MPa，根据实验室测定数据，此时充填体的下缩率约为 0.18，则顶板总体下沉值约为 0.886 m，仍未达到理论最大下沉值（采区充分采动后的等价采高，1.33 m）。因此，在达到充分采动前，顶板仍会缓慢下沉。目前工作面 0.886 m 的下沉数值较低，因为埋深较大，地面尚无法监测到地表移动变形数值。

（4）由监测数据的最大值可知，测试工作面目前垮落带高度为 8.86~17.72 m，覆岩的最大岩层断裂高度（因贯通裂隙，断裂岩梁应力完全释放到采空区）约为 42.4 m。

10.5　巷道矿压监测分析

10.5.1　监测内容针对目标

超前支护段支承压力监测主要针对首采工作面矿压显现特征，采充比与矿压显现时间相关性 2 个主要监测目标。通过对超前支护段支承压力的监测，获得支承压力在工作面前方和后方一定范围内的分布曲线，揭示填充对支承压力减弱的强度和范围，掌握充填和采充比的变化对支承压力的变化的影响机制。留巷一侧则主要监测支承压力数值和留巷的变形情况。

10.5.2　巷道支承应力监测

1. 测点布置

巷道支承压力监测测点布置如图 10.5-1 所示。选择工作面推进到 40 m、80 m 和

120 m 时，测定工作面运输巷道(留巷)距离工作面前后各 40 m 的应力分布情况。

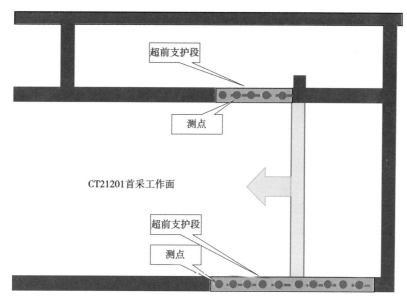

图 10.5-1　巷道支承压力监测测点布置示意图

2. 监测结果

工作面推进到 40 m、80 m 和 120 m 时，工作面运输巷道(留巷)距离工作面前后各 40 m 的应力分布情况如图 10.5-2 所示(监测数据为单体支柱液压油缸应力数值，并换算为单体支柱工作阻力，而非该标高实际应力值)。

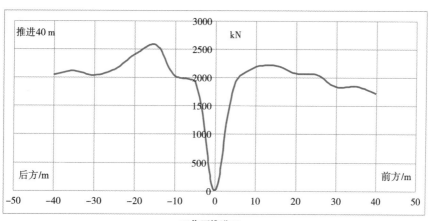

工作面推进40 m

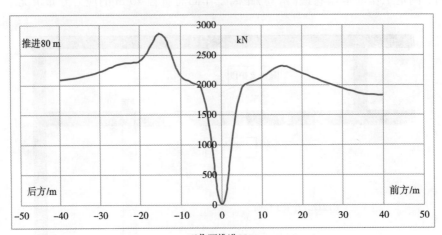

工作面推进80 m

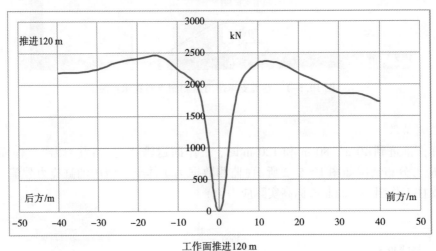

工作面推进120 m

图 10.5-2　工作面运输巷道(留巷)距离工作面前后各 **40 m** 的应力分布

由图 10.5-2 可以看出:

(1)与数值计算的结果相对照,固体废弃物填充采空区明显扩大工作面前方的支承压力区域范围(约 30 m),但应力集中系数降低,约为 1.6;

(2)工作面后方(留巷一侧)的支承压力增加范围大于前方,大于 40 m,且应力集中系数大于工作面前方,为 1.71,但远低于临近工作面垮落法开采的应力集中系数。

10.5.3　巷帮支护变形监测

巷道巷帮支护变形监测,即监测留巷采空区一侧巷帮支护体的垂直变形情况,共选择巷道的 3 个测点,如图 10.5-3 所示。

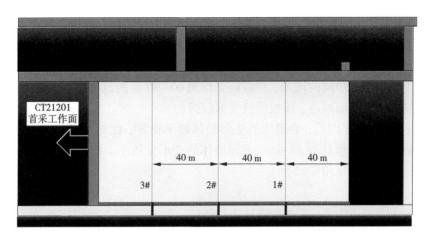

图 10.5-3　巷帮变形测点分布示意图

监测结果如图 10.5-4 所示。

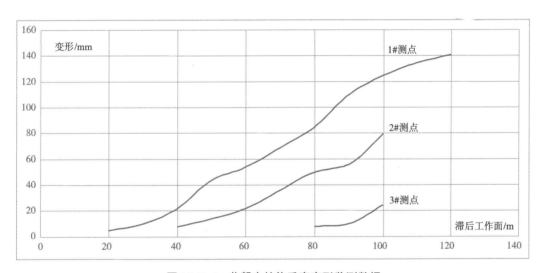

图 10.5-4　巷帮支护体垂直变形监测数据

由图 10.5-4 可以看出：巷帮支护体的变形值整体小于 142 mm，远低于巷帮加强支护设计允许变形值；1#测点的变形开始趋于稳定，2#和3#测点距离工作面较近，仍呈快速增加趋势。

10.6　沿充留巷实施效果

1. 巷道围岩变形分析

充填工作面回采期间 1#和 2#测点巷道围岩变形情况如图 10.6-1 所示，其具有如下规律：

在滞后工作面 0~15 m 的范围内，顶板主要为整体平行下沉，巷道变形较为平缓；

在滞后工作面 15~60 m 的范围内，顶板为旋转倾斜下沉，巷道围岩变形速度较大，该阶段巷道围岩变形量占到巷道围岩整体变形量的 84% 左右；

随着工作面的推进距离的增加，在滞后工作面 60~90 m 的范围内，巷道顶底板与两帮的移近量和移近速度逐渐减小，顶板回转变形较慢；

在滞后工作面 90 m 以后，巷道围岩变形整体趋于稳定，此时顶底板最大移近量达到 132 mm，两帮最大移近量达到 83 mm，巷道整体的变形量较小，且在允许变形范围内，在下一工作面回采时满足复用要求。

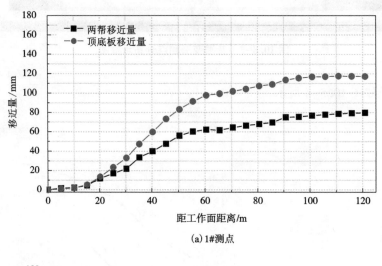

(a) 1#测点

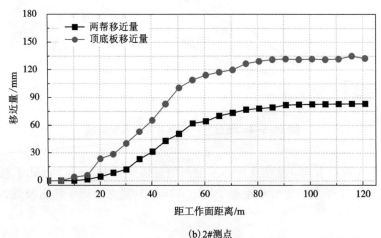

(b) 2#测点

图 10.6-1　1#、2#测点移近量变化曲线

2. 巷道顶锚索拉力分析

充填工作面回采期间 1# 和 2# 测点巷道顶锚索拉力变化情况如图 10.6-2 所示。由图可

知，其具有如下规律：

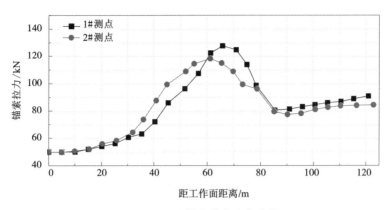

图 10.6-2　顶锚索拉力变化曲线

紧随工作面后方 0~15 m 范围内锚索的整体受力偏小；随工作面推进，上覆岩层悬顶面积不断增大，距工作面 10~60 m 范围内顶板压力迅速增加达到最高值 127 kN；距离工作面 60~90 m 范围内，在来压作用下上覆软弱岩层弯曲下沉并发生垮落，顶板来压急聚下降；在滞后工作面 90 m 后上覆岩层断裂与垮落至采空区充填体上并导致岩层堆积体接顶压实，来压趋于稳定，最后压力接近于 90 kN。

3.巷道顶板离层分析

充填工作面回采期间 1#和 2#测点巷道顶板离层变化情况如图 10.6-3 所示。由图可知，其具有如下规律：

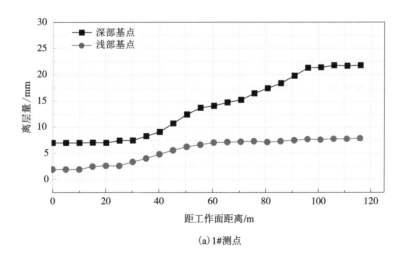

(a)1#测点

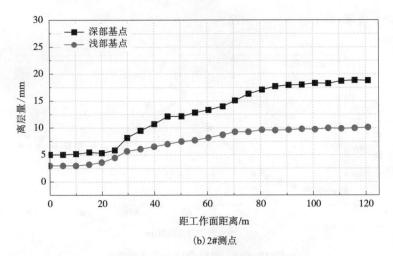

(b) 2#测点

图 10.6-3 巷道顶板离层变化曲线

浅部基点在滞后工作面 0~70 m 范围内，离层量一直在不断增加，直至滞后工作面 70 m 后不再发生变化，说明此后浅部基点所在的岩层已经稳定，不再发生离层。不同浅部基点，深部基点离层量在 20~100 m 的范围内，顶板离层经历了快速变化段，1#测点离层量累计增加了 21 mm，2#测点离层量累计增加了 17 mm；在 100 m 后顶板离层量开始趋于稳定，顶板基本不再进一步发生离层，说明顶板设计的支护形式能够很好控制顶板离层。

4. 混凝土墩柱压力分析

充填工作面回采期间 1#和 2#测点混凝土墩柱压力变化情况如图 10.6-4 所示。由图可知，其具有如下规律：

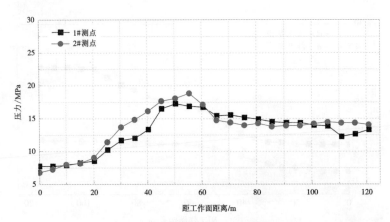

图 10.6-4 墩柱压力变化曲线

在滞后工作面 0~20 m 的范围内，混凝土墩柱所受载荷增速较小；在 20~55 m 的范围内混凝土墩柱所受载荷迅速增大，混凝土墩柱所受载荷达到最大值 18.85 MPa，这是由于在此阶段内顶板岩梁剧烈沉降所引起的；在 55~80 m 的范围内混凝土墩柱所受载荷迅速减小，是由于在来压作用下上覆软弱岩层弯曲下沉并发生垮落，从而导致顶板压力大幅下降;滞后工作面 80 m 后混凝土墩柱所受载荷变化不大,表明顶板岩层运动基本稳定。另外,混凝土墩柱所受最大载荷为 9.75 MPa,未超过混凝土墩柱的设计强度 30 MPa,因此混凝土墩柱可提供足够的强度来支撑巷道顶板。

5. 沿充留巷效果

沿充留巷墩柱模板现场安装情况如图 10.6-5 所示,由图(h)可以看出,最终的成巷效果表现出良好的稳定性,未出现较大变形,巷道满足复用的要求。

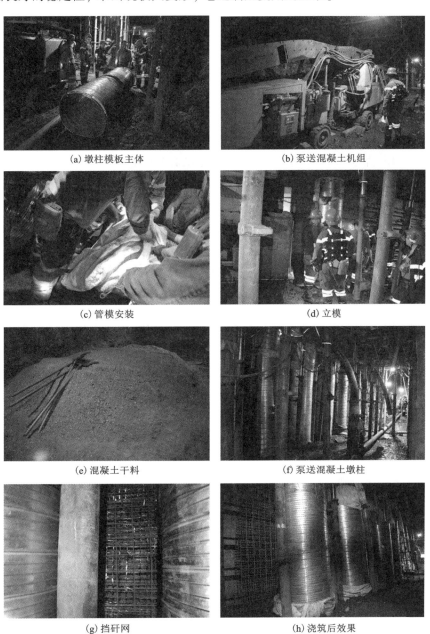

(a) 墩柱模板主体　　　　　　　　　(b) 泵送混凝土机组

(c) 管模安装　　　　　　　　　　　(d) 立模

(e) 混凝土干料　　　　　　　　　　(f) 泵送混凝土墩柱

(g) 挡矸网　　　　　　　　　　　　(h) 浇筑后效果

图 10.6-5　沿充留巷墩柱模板现场安装情况

10.7 效益分析

10.7.1 经济效益分析

1. 固废充填效益分析

实施矸石零排放技术后，节省环保费 32.5 万元；节省固废处理费 165.75 万元；产生的固废充填支出 250.9 万元。综合以上，固废充填需支出 52.65 万元。

2. 煤炭开采效益分析

采用矸石零排放技术同时可以回收煤炭资源 5.27 万 t，新增产值 2740.4 万元，产生的效益为 1795.7 万元。

3. 沿充留巷节省保护煤柱效益分析

实施沿充留巷以后，可以回收区段保护煤柱，煤柱宽度为 30.0 m，则可节省煤炭资源 1.98 万 t，新增产值 1029.6 万元，产生的效益为 674.7 万元。

4. 节省掘进巷道效益分析

实施沿充留巷以后，按照目前工作面推进情况，节省巷道长度 156.24 m，掘进巷道费用为 8560 元/m，留巷费用为 5106.58 元/m，创造利润为 53.9 万元。

综上，按照目前排矸工作面推进情况(156.24 m)，产生的利润为 2471.65 万元。预计当排矸工作面年处理固废 150 万 t 时，产生利润为 5.3166 亿元。

10.7.2 社会效益分析

根据《煤矸石综合利用管理办法》规定，"新建(改扩建)煤矿及选煤厂应节约土地、防止环境污染，禁止建设永久性煤矸石堆放场(库)"，"鼓励煤矸石井下充填"。葫芦素煤矿以充填方式处理煤矸石符合国家的法律法规，同时，本项目的综合效益显著，具体如下。

(1)煤矸石回填井下后，防止地面堆积矸石山后造成的矸石山自燃、有害气体排放、垮塌和爆炸等风险，有利于回收土地资源。

(2)充填法采煤有利于保护地表建(构)筑物，防止地下采矿引起地表移动和塌陷等地质灾害。

(3)煤矸石来自洗煤厂，回填井下不会污染地下水；同时，采空区部分充填后减小了覆岩垮落带和裂隙带的高度，有利于对上覆岩层实施保水开采，保护了蒙陕地区珍贵的地下水资源。

(4)实施充填开采消灭部分地面矸石山后，缓解或消除了当地居民与矿企部门因矸石山污染土地、废气排放等问题造成的对立局面。

(5)项目所实施的沿充留巷技术可以为矿井无煤柱开采提供先导技术支持，提高煤炭资源回收率。

(6)本项目的实施，对蒙陕地区普遍存在的矸石排放问题，提供了一条经济技术均可行的思路，具有较强的地区示范效应。

第 11 章

主要结论及创新点

本项目以西部高产高效煤矿矸石无害化处置为目标,以矸石零排放技术为手段,围绕矿井面临的固废污染、动力灾害等共性技术难题,突破传统矸石填充技术瓶颈,融合沿充留巷技术、大流量大垂深物料输送技术,构建出了地区适应、工艺匹配和经济高效的矸石零排放技术、工艺与装备,积极探索西部矿区高产高效矿井煤炭资源环境低伤害、岩层低损伤和资源低损失一体化绿色开发新模式。

11.1 结论

实验室测定了固体废弃物矸石的物理特性,得出洗选矸石密度为 2.477 t/m³,初始视密度均值为 1.364 t/m³,初始碎胀系数均值为 1.816;测定了散体矸石的胶结特性,得出其在高于 0.4 MPa 侧限约束压实条件下会发生胶结,进而确定料仓安全储料高度为 20 m。测定了矸石压实特性,得出自然配比矸石 16 MPa 垂直应力下压实度均值为 0.415;测定了矸石流变特性,其在 16 MPa 恒压条件下压实度均值为 0.428;级配压实实验测定出 0~5 mm 级配范围压实性能最优。

建成了固废地面输送系统,包括地面连续上料装置和集成控制室,调配流量不均衡固废地面的投放,以及集投放口卸压、全封闭除尘与降噪的地面投放作业空间。设计建成固废"地面→井下"反向输送 620 m 超大垂深投放系统,包括垂直投放井、底部功能结构和井底储料仓,系统投放能力大于 200 万 t/a;根据投放速率、堵管预防和使用寿命设计并采用了 470 mm 内径双层耐磨投放管。

发明了黏性阻尼高弹聚合物多级减震缓冲器,通过多级减震结构、高强涂层面罩和高分子合成聚合物缓冲体吸收大流量、高垂深的固废冲击能,提升了投放系统下部缓冲结构抗疲劳损伤性能,满足了处理量≥200 万 t/a 的固废缓冲,使用寿命期间大于 4000 万 t 累计投放量。

构建了匹配 200 万 t/a 投放流量和 620 m 超大垂深的投放系统底部功能结构:气动稳压系统(包括多稳压硐室、散布式可闭合卸压管和气压风速监测系统)可根据投放强度和气流特性快速调整控制系统风阻,控制底部气压处于 1.0~1.24 个标准大气压范围内,预防堵管并保护底部结构;全闭合粉尘控制系统,实现了高速紊流的 100%降尘;组合消音系统,显著降低了系统噪声。

建立了深部长壁工作面高效排矸系统,首面排放能力≥100万t/a,装备性能≥200万t/a;利用限定覆岩提前形变主动支护理念,设计选型了12000 kN工作阻力高初撑"采煤—排放"一体支架,保障了排放空间和时效;配套设计了500 t/h固废排放底卸式刮板输送机及转载机设备;针对固废高效处置和无煤柱开采,形成了高效排放和密实排放两种可切换工艺,均可实现与采煤并行。

构建了集高效排矸与无煤柱开采的"限定变形支架—相对密实固废—抗变形巷旁强化"联合岩层控制体系;以主动支护控制覆岩提前形变构建排放空间,减弱巷道侧支承压力;混凝土墩柱在已弱化压力下以一定下缩形成高支撑力,支撑巷道围岩稳定;基于巷帮强化支护轴向及侧向承载要求,理论数值计算出初始填充率应大于或等于85%,密实填充率应大于或等于50%,充采质量比应大于或等于1。

研发了可伸缩接顶的分体式沿填充区留巷巷旁强化支护模板,解决了普通钢管混凝土无法适应巷道形变和快速接顶难题。可伸缩接顶的分体式墩柱模板配合双网永久挡矸支护在泵注混凝土后可实现与采煤截割步距匹配的间隔支护,支护强度可通过模板大小进行调节。基于联合岩层控制体系的巷帮强化支护工艺时间完全匹配固废排放工作面,单位支护成本显著低于常规留巷。

基于联合岩层控制体系要求,设计了工作面固废排放质量与支护体工况综合监测系统,主要包括充采质量比、支架初撑力与工作阻力监测。监测结果显示,充采质量比高于设计要求,支架初撑力达标率高于80%,覆岩下沉形变减少47%,工作面矿压减弱,无压力激增的动压显现,沿矸石排放采空区巷帮强化支护体的形变小于2.2%。

11.2 关键技术与创新点

1.创新点

创新点1:建成了620 m超大垂深高速垂直投放系统,可实现最大200万t/a的固废"地面→井下"反向输送能力。研发了可快速、实时调整系统风阻的超大垂深投放系统稳压结构,实现了固废大流量投放过程中的高速气流控制。发明了可吸收高速固废冲击能的黏性阻尼高弹聚合物多级减震缓冲结构。

创新点2:提出了限制岩层提前下沉保障固废充填空间和压实时间的设计理念,研发了高初撑力采煤与固废处置一体化液压支架,优化设计了固废采空区快速处置与采煤并行作业工艺,长壁工作面采空区初始填充率达到85%、固废排放能力可达200万t/a、覆岩移动下沉值减少47%,有效降低了采动支承压力并弱化了矿压显现。

创新点3:研发了可伸缩接顶的分体式双节留巷巷旁强化支护模板,解决了普通钢管混凝土无法适应巷道变形和快速接顶难题,发明了在一定下缩后可快速形成高支撑力的支护墩柱,优化设计了配合双网阻挡保护的巷帮强化支护工艺,实现了与采空区固废填充体的岩层协同控制。

2.关键技术

(1)固体废弃物力学压实特性系统测定

固体废弃物力学压实特性的掌握,是固废反向运输、固废垂直投放、储料仓防堵、工作面参数设计、核心装备关键参数设计、工艺指标确定、监测指标和监测结果分析等的数据基础。

（2）垂直投放系统底部关键结构的设计

垂直投放系统底部关键结构的设计，包括缓冲硐室、稳压硐室、缓冲装置、防堵装置、降尘结构和降噪装置的设计。其设计的成功或优良与否，直接决定了垂直投放系统能否连续、稳定且安全运行，地面固废能否及时输送到井下避免地面积存，也决定了井下固废排放工作面能否连续运行。

（3）固废高效处置工作面核心装备的参数设计

固废高效处置工作面核心装备是充填开采液压支架，其核心参数设计的优良与否，直接关系到工作面排放空间的保障、充实率的保障和排放能力的保障，进而影响覆岩移动与变形的强度，对沿充留巷的实施影响显著。

（4）固废高效处置工作面岩层移动规律的研究

在固废高效处置首采面开采前和期间，利用理论分析、数值计算和矿压监测的方式对工作面岩层移动规律展开系统研究，掌握核心装备和充填体现场运行质量，揭示"支架—固废充填体—巷帮充填体—围岩"组合作用的矿山压力特性，可为后续排矸工作面设计的参数修正和技术优化建立基础。

（5）非连续巷旁支护强化沿充留巷技术

构建了高效排矸与无煤柱开采要求下的"限定变形支架—相对密实固废—抗变形巷旁强化"联合岩层控制体系；以主动支护限定变形支架构建充填空间提升充实率，降低等价采高，明显减弱留巷侧支承压力；泵注混凝土墩柱支护系统在弱化支承压力下以有限经济的下缩变形形成高支护阻力，进而有效控制巷道形变。

综上可知，本项目针对葫芦素煤矿矸石外排难题，通过测试矸石的物理力学特性与能量耗散特性，设计了地面矸石下井和井下矸石不升井输送系统，科学布置了矸石充填开采工作面和沿充留巷系统，优化了充填开采工艺，现场实测结果表明该技术实现了深部煤炭减压、减损、减水、安全、高效开采且井下掘进起底矸石不升井，为类似条件矿井提供了技术借鉴，其科学与工程研究意义重大，具有广阔的推广应用前景。

参考文献

[1] 袁亮. 我国煤炭工业高质量发展面临的挑战与对策[J]. 中国煤炭, 2020, 46(01)：6-12.

[2] 刘峰, 郭林峰, 赵路正, 等. 双碳背景下煤炭安全区间与绿色低碳技术路径[J]. 煤炭学报, 2022, 47 (01)：1-15.

[3] 胡炳南. 我国煤矿充填开采技术及其发展趋势[J]. 煤炭科学技术, 2012, 40(11)：1-5, 18.

[4] 范立民, 马雄德, 冀瑞君. 西部生态脆弱矿区保水采煤研究与实践进展[J]. 煤炭学报, 2015, 40 (08)：1711-1717.

[5] 钱鸣高, 许家林, 王家臣. 再论煤炭的科学开采[J]. 煤炭学报, 2018, 43(01)：1-13.

[6] 孙希奎. 矿山绿色充填开采发展现状及展望[J]. 煤炭科学技术, 2020, 48(09)：48-55.

[7] 范立民, 孙强, 马立强, 等. 论保水采煤技术体系[J]. 煤田地质与勘探, 2023, 51(01)：196-204.

[8] 刘建功, 李新旺, 何团. 我国煤矿充填开采应用现状与发展[J]. 煤炭学报, 2018, 45(01)：141-150.

[9] 王家臣, 杨胜利. 固体充填开采支架与围岩关系研究[J]. 煤炭学报, 2010, 35(11)：1821-1826.

[10] 陈东. 采充留一体化绿色开采技术研究[J]. 煤炭工程, 2016, 48(03)：1-3, 7.

[11] 古文哲, 朱磊, 刘治成, 等. 煤矿固体废弃物流态化浆体充填技术[J]. 煤炭科学技术, 2021, 49 (03)：83-91.

[12] 康红普, 徐刚, 王彪谋, 等. 我国煤炭开采与岩层控制技术发展 40a 及展望[J]. 采矿与岩层控制工程学报, 2019, 1(01)：013501.

[13] 张强, 王云博, 张吉雄, 等. 煤矿固体智能充填开采方法研究[J]. 煤炭学报, 2022, 47(07)：2546 -2556.

[14] 华心祝, 李琛, 刘啸, 等. 再论我国沿空留巷技术发展现状及改进建议[J]. 煤炭科学技术, 2023, 51 (01)：128-145.

[15] 刘建功, 封明明, 荆保平, 等. 固体充填开采沿充留巷机械化设备与工艺研究[J]. 煤炭工程, 2022, 54(08)：1-5.

[16] 张新福, 朱磊, 潘浩, 等. 深部大采高沿空掘巷围岩变形破坏特征与控制[J]. 煤炭技术, 2022, 41 (41)03：52-57.

[17] 康红普, 牛多龙, 张镇, 等. 深部沿空留巷围岩变形特征与支护技术[J]. 岩石力学与工程学报, 2010, 29(10)：1977-1987.

[18] 郑忠友, 吴玉意, 朱磊, 等. 矸石充填开采沿充留巷围岩控制技术研究[J]. 煤炭技术, 2020, 39 (06)：19-23.

[19] 巨峰, 陈志维, 张强, 等. 固体充填采煤沿空留巷围岩稳定性控制研究[J]. 采矿与安全工程学报, 2015, 32(06)：936-942.

[20] 李猛, 张吉雄, 邓雪杰, 等. 含水层下固体充填保水开采方法与应用[J]. 煤炭学报, 2017, 42(01)：127-133.

[21] 周跃进, 陈勇, 张吉雄, 等. 充填开采充实率控制原理及技术研究[J]. 采矿与安全工程学报, 2012, 29(03): 351-356.

[22] 康红普, 张晓, 王东攀, 等. 无煤柱开采围岩控制技术及应用[J]. 煤炭学报, 2022, 47(01): 16-44.

[23] 李利峰, 刘鹏亮, 赵文华. 基于矸石固体最优粒径级配的充填开采等价采高研究[J]. 中国矿业, 2023, 32(03): 103-107.

[24] 武中亚, 张强, 张昊, 等. 固体充填开采"三效"关系及其优化控制方法[J]. 煤炭学报, 2021, 46(10): 3148-3157.

[25] 赵大勇, 张磊鑫, 张苍. 上海庙矿区长城一矿"采、充、留"绿色开采技术研究[J]. 山西煤炭, 2016, 36(01): 69-71.

[26] 刘建功, 赵家巍. 固体充填开采顶板多跨超静定结构分析与充填支架控制作用研究[J]. 煤炭学报, 2019, 44(01): 85-93.

[27] 冯国瑞, 任玉琦, 王朋飞, 等. 厚煤层综放沿空留巷巷旁充填体应力分布及变形特征研究[J]. 采矿与安全工程学报, 2019, 36(06): 1109-1119.

[28] 张升, 张吉雄, 闫浩, 等. 极近距离煤层固体充填充实率协同控制覆岩运移规律研究[J]. 采矿与安全工程学报, 2019, 36(04): 712-718.

[29] 康志鹏, 罗勇, 任波, 等. "三硬"薄煤层沿空留巷围岩破坏特征及控制技术研究[J]. 矿业科学学报, 2024, 9(03): 446-454.

[30] 肖博, 王宇轩, 王梓旭, 等. 固体充填开采中的矸石粒径级配优化试验[J]. 采矿与岩层控制工程学报, 2022, 4(01): 013516.

[31] 刘佩情, 刘建功, 赵家巍, 等. 固体充填开采沿空留巷机械化挡矸装备与工艺研究[J]. 煤炭技术, 2024, 43(01): 225-228.

[32] 李新旺, 屈正一, 程立朝, 等. 固体充填开采地表沉陷预计与控制研究[J]. 煤炭与化工, 2022, 45(03): 1-5, 11.

[33] 王树帅, 李永亮, 李清, 等. 基于泰波理论的矸石级配系数对充填材料性能的影响[J]. 采矿与安全工程学报, 2022, 39(04): 683-692.

[34] 朱磊, 古文哲, 宋天奇, 等. 麻黄梁煤矿矸石破碎粒度与化学成分相关性研究[J]. 煤炭工程, 2023, 55(10): 167-173.

[35] 刘涛禹, 张百胜, 郭俊庆, 等. 切顶条件下沿空留巷组合充填体合理参数研究[J]. 矿业研究与开发, 2024, 44(06): 34-41.

[36] 高翔, 王方田, 冯光明. 兼顾矿井充填成本及深部资源采出率提高方法[J]. 煤炭技术, 2023, 42(01): 70-74.

[37] 张强, 杨康, 张吉雄, 等. 固体充填开采直接顶位态控制机制及工程案例[J]. 中国矿业大学学报, 2022, 51(01): 35-45.

[38] 李季, 李博, 张荣光, 等. 考虑采空区矸石非均匀充填影响的倾斜煤层沿空留巷稳定性分析[J]. 煤炭科学技术, 2023, 51(06): 30-41.

[39] 时培涛, 张吉雄, 张强, 等. 综合赋权的 TOPSIS 充填采煤液压支架评价方法研究[J]. 采矿与安全工程学报, 2023, 40(03): 543-553.

[40] 崔春阳, 李春元, 王美美, 等. 富孔贫胶固废充填材料双组分破坏试验及强度模型[J]. 煤炭科学技术, 2023, 51(09): 77-87.

[41] 龚鹏, 马占国, 和泽欣, 等. 矸石充填工作面沿空留巷围岩结构演化机理[J]. 采矿与安全工程学报, 2023, 40(04): 764-773, 785.

[42] 张强, 张吉雄, 宗庭成, 等. 超长柔性悬挂固体充填刮板输送机异常工况表征及自主调控方法[J].

煤炭学报, 2024, 49(04): 2141-2151.

[43] 王云博, 张强, 孟国豪, 等. 基于固体充填开采的充填材料选择设计方法[J]. 采矿与岩层控制工程学报, 2022, 4(03): 033035.

[44] 何泽全, 巨峰, 肖猛, 等. 煤矸石充填材料在循环载荷作用下的细观变形特征分析[J]. 采矿与安全工程学报, 2022, 39(05): 1002-1010.

[45] 杨科, 方珵静, 张吉雄, 等. 加浆改性固体充填材料承载压缩特性与固结机制[J]. 中国矿业大学学报, 2024, 53(03): 456-468.

[46] 张吉雄, 张强, 周楠, 等. 煤基固废充填开采技术研究进展与展望[J]. 煤炭学报, 2022, 47(12): 4167-4181.

[47] 兰立信, 李猛, 张强, 等. 典型矿区固体混合充填材料力学特性试验研究[J]. 采矿与安全工程学报, 2019, 36(03): 593-600, 608.

[48] 邓雪杰, 董超伟, 袁宗萱, 等. 深部充填沿空留巷巷旁支护体变形特征研究[J]. 采矿与安全工程学报, 2020, 37(01): 62-72.

[49] 张强, 杨康, 张昊, 等. 固体充填开采矿压显现弱化规律及表征研究[J]. 中国矿业大学学报, 2021, 50(03): 479-488.

[50] 刘建功, 赵家巍, 刘扬, 等. 煤矿矿区普适性拓展型固体改性充填采煤技术与装备[J]. 煤炭学报, 2024, 49(01): 380-399.

[51] 张自政, 柏建彪, 王襄禹, 等. 我国沿空留巷围岩控制技术研究进展与展望[J]. 煤炭学报, 2023, 48(11): 3979-4000.

[52] 张栋, 张帅, 王霞, 等. 分层充填沿空留巷瓦斯治理技术研究[J]. 采矿与安全工程学报, 2022, 39(06): 1246-1255.